全国高等职业教育技能型紧缺人才培养培训推荐教材

建筑防水工程施工

（建筑工程技术专业）

本教材编审委员会组织编写

主　编　李晓芳

主　审　赵　研

中国建筑工业出版社

图书在版编目（CIP）数据

建筑防水工程施工/李晓芳主编. —北京：中国建筑工业出
版社，2005
全国高等职业教育技能型紧缺人才培养培训推荐教材.
建筑工程技术专业
ISBN 978-7-112-07617-8

Ⅰ. 建… Ⅱ. 李… Ⅲ. 建筑防水—工程施工—高
等学校：技术学校—教材 Ⅳ. TU761.1

中国版本图书馆 CIP 数据核字（2005）第 075299 号

全国高等职业教育技能型紧缺人才培养培训推荐教材
建筑防水工程施工
（建筑工程技术专业）
本教材编审委员会组织编写
主　编　李晓芳
主　审　赵　研

*

中国建筑工业出版社出版、发行（北京西郊百万庄）
各地新华书店、建筑书店经销
北京富生印刷厂印刷

*

开本：787×1092 毫米　1/16　印张：5¾　字数：136 千字
2005 年 8 月第一版　　2013 年 3 月第七次印刷
定价：**13.00** 元
ISBN 978-7-112-07617-8
（21030）

本书由五个单元组成，主要介绍屋顶、厨房、卫生间、地下室等部位防水工程的基本构造、材料与机具的选择使用、施工方案、施工工艺、质量标准和检验方法。同时还介绍相关安全技术及季节性施工措施。

本书突出高等职业教育特色，按照现行的材料、质量检验规范、标准、安全措施等编写，内容简洁，实用性、可操作性强。主要满足二年制建筑施工专业的专业教学需要，也可作为相关专业教学及岗位培训的使用教材。

本书既适用于建设行业技能型紧缺人才培养培训工程高职建筑工程技术专业的学生使用，同时也可作为相应专业岗位培训教材。

* * *

本书在使用过程中有何意见和建议，请与我社教材中心（jiaocai @china-abp.com.cn）联系。

责任编辑：朱首明　刘平平
责任设计：郑秋菊
责任校对：刘　梅　李志瑛

本书编审委员会名单

主 任 委 员：张其光

副主任委员：杜国城　陈　付　沈元勤

委　　　员(按姓氏笔画为序)：

丁天庭　王作兴　刘建军　朱首明　杨太生　杜　军

李顺秋　李　辉　施广德　胡兴福　项建国　赵　研

郝　俊　姚谨英　廖品槐　魏鸿汉

序

改革开放以来，我国建筑业蓬勃发展，已成为国民经济的支柱产业。随着城市化进程的加快、建筑领域的科技进步、市场竞争的日趋激烈，急需大批建筑技术人才。人才紧缺已成为制约建筑业全面协调可持续发展的严重障碍。

面对我国建筑业发展的新形势，为深入贯彻落实《中共中央、国务院关于进一步加强人才工作的决定》精神，2004 年 10 月，教育部、建设部联合印发了《关于实施职业院校建设行业技能型紧缺人才培养培训工程的通知》，确定在建筑施工、建筑装饰、建筑设备和建筑智能化等四个专业领域实施技能型紧缺人才培养培训工程，全国有 71 所高等职业技术学院、94 所中等职业学校、702 个主要合作企业被列为示范性培养培训基地，通过构建校企合作培养培训人才的机制，优化教学与实训过程，探索新的办学模式。这项培养培训工程的实施，充分体现了教育部、建设部大力推进职业教育改革和发展的办学理念，有利于职业院校从建设行业人才市场的实际需要出发，以素质为基础，以能力为本位，以就业为导向，加快培养建设行业一线迫切需要的高技能人才。

为配合技能型紧缺人才培养培训工程的实施，满足教学急需，中国建筑工业出版社在跟踪"高等职业教育建设行业技能型紧缺人才培养培训指导方案"编审过程中，广泛征求有关专家对配套教材建设的意见，组织了一大批具有丰富实践经验和教学经验的专家和骨干教师，编写了高等职业教育技能型紧缺人才培养培训"建筑工程技术"、"建筑装饰工程技术"、"建筑设备工程技术"、"楼宇智能化工程技术" 4 个专业的系列教材。我们希望这 4 个专业的系列教材对有关院校实施技能型紧缺人才的培养培训具有一定的指导作用。同时，也希望各院校在实施技能型紧缺人才培养培训工作中，有何意见和建议及时反馈给我们。

建设部人事教育司

2005 年 5 月 30 日

前　言

本教材是根据教育部"高等职业教育技能型紧缺人才培养培训指导方案"中的专业教育标准、培养方案及主干课程教学基本要求，并按照国家现行的相关规范和标准编写的。

编写过程中，编者结合长期教学与工程施工经验，以培养建筑类高等技术应用性人才为主线，基本理论以"必需、够用"为度，整个内容强调实践能力和综合应用能力的培养，以面向生产第一线的应用性人才培养为目的。教材中选编的习题、案例、实训课题，均来自工程实际，具有较强的针对性和实用性。

本书由内蒙古建筑职业技术学院李晓芳任主编。参加编写工作的人员具体分工是：（内蒙古建筑职业技术学院）李晓芳编写绪论、单元1、2；唐丽萍编写单元3；李仙兰、李晓芳编写单元4；郝俊编写单元5。（内蒙古建筑学校建筑勘察设计院）李清编写实训课题。

本书由黑龙江建筑职业技术学院赵研担任主审。在本书的编写过程中得到了黑龙江建筑职业技术学院、内蒙古建筑职业技术学院、内蒙古建筑学校建筑勘察设计院等单位的大力支持，并参考了一些公开出版和发表的文献，在此一并致谢。同时对为本书付出辛勤劳动的编辑同志表示衷心感谢。

限于编者的理论水平和实践经验，加之编写时间仓促，书中不妥之处在所难免，恳请广大读者和同行专家批评指正。

目　　录

绪　　论

课题1　建筑防水工程施工的发展及施工新技术

1.1　材料发展

防水材料是保证房屋建筑中能够阻止雨水、地下水与其他水分侵蚀渗透的重要组成部分，是建筑工程中不可缺少的建筑材料。

建筑工程防水技术按其构造做法可分为结构构件自身防水和附加防水层两大类。防水层的做法又可分为刚性防水材料防水和柔性材料防水，刚性材料防水是采用涂抹防水砂浆、浇筑掺入防水剂的混凝土或预应力混凝土等做法。柔性材料防水是采用铺设防水卷材、涂抹防水涂料等做法。多数建筑物采用柔性材料防水做法。

防水材料质量的优劣与建筑物的使用寿命是紧密联系的。国内外使用沥青为防水材料已有很久历史，直至现在，沥青基防水材料也是应用最广的防水材料，但是其使用寿命较短。随着石油工业的发展，各种高分子材料的出现，为研制性能优良的新型防水材料提供了原料和技术，防水材料已向橡胶基和树脂基防水材料及高聚合物改性沥青系列发展，防水层的构造已由多层防水向单层防水发展，施工方法已由热熔法向冷贴法发展。

目前，我国生产的建筑防水材料，按材料的特性和应用技术划分，共有六大类产品，包括：沥青防水卷材（又称沥青油毡）、高聚物改性沥青防水卷材（简称改性沥青油毡）、合成高分子防水卷材（又称片材）、建筑防水涂料、接缝密封材料（包括堵漏止水材料）、防水剂等外加剂（主要用于混凝土防水和砂浆防水），其中高聚物改性沥青防水卷材是传统的沥青防水卷材的更新换代产品，这六大类产品初步形成了门类齐全、品种配套、结构合理的防水材料生产与应用体系。

1.2　施工新技术

长期以来，我国防水技术北方一直沿用纸胎石油沥青油毡，南方以水泥砂浆刚性防水为主体。随着经济建设的发展，大跨度空间、屋顶花园、采光屋顶、桑拿浴房、室内游泳池以及几十米深的地下室等在建筑中已经普遍出现。其防水要求必须根据建筑形式、防水部位、功能特点等，选用合适的防水构造、防水材料和防水工艺。

随着我国建材工业和建筑科技的快速发展，目前，防水材料已由少数品种发展形成了多门类、多品种。高聚物改性沥青材料、合成高分子材料、防水混凝土、聚合物水泥砂浆、水泥基防水涂层材料以及各种堵漏、止水材料，已在各类防水工程中得到广泛应用。防水设计和施工遵循"因地制宜、按需选材、防排结合、综合治理"的原则，采用"防、排、截、堵相结合，刚柔相济，嵌涂合一，复合防水，多道设防"的技术措施，使我国的建筑防水技术已日趋成熟，获得令人瞩目的进步，基本适应各类新型防水材料做法的需要，并能规范化作业。

课题 2　建筑防水工程的作用及与相关工程的关系

2.1　建筑防水工程的作用

建筑防水主要指房屋的防水。建筑防水的作用是，为防止雨水、地下水、工业与民用的给排水、腐蚀性液体以及空气中的湿气、蒸汽等对建筑物某些部位的渗透侵入。而建筑材料和构造上所采取的措施，保证了建筑物某些部位免受水的侵入和不出现渗漏水现象，保护建筑物具有良好、安全的使用环境、使用条件和使用年限。建筑物需要进行防水处理的部位主要包括：屋面、外墙面、窗户、厕浴间与厨房的楼地面和地下室等。这些部位是否出现渗漏与其所处的环境与条件有关，因而出现渗漏的程度也不尽相同。从渗漏的程度区分，"渗"指建筑物的某一部位在一定面积范围内被水渗透并扩散，出现水印或处于潮湿状态；"漏"则指建筑物的某一部位在一定面积范围内或局部区域内被较多水量渗入，并从孔缝中滴出，形成线漏、滴漏，甚至出现冒水、涌水现象。

2.2　防水工程与相关工程的关系

2.2.1　与房屋建筑的关系

建筑防水技术在房屋建筑尤其是在住宅建筑中发挥功能保障作用。房屋建筑围护结构的所有部位能否保证免受各种水的侵入而不渗漏，直接关系到房屋的使用功能、生活质量和人居环境，保护建筑物具有良好、安全的使用环境、使用条件和使用年限，因此，建筑防水技术在建筑工程中具有重要地位。

2.2.2　与土建工程施工的关系

建筑工程防水技术按其构造作法可分为两大类，即结构构件自身防水和采用不同防水材料的防水层防水。结构构件自防水主要是依靠建筑构件（如底板、墙体、楼顶板等）材料的自身密实性及其某些构造措施，如坡度、伸缩缝等，也包括辅以嵌缝油膏、埋设止水带（环）等，起到结构构件自身防水的作用。因此，土建工程施工的质量直接影响到后期防水工程的效果。

建筑防水工程是工程建设中的一个重要分部工程。建筑防水施工和土建施工一样都是建筑工程质量的关键环节，两者之间的关系是互相联系、互相保证、相互统一的整体防水体系。

2.2.3　与建筑设备的关系

防水工程不仅要协调好与土建工程的关系，而且还必须认真解决好防水工程与建筑设备的关系，否则会直接影响到防水的效果。建筑工程的设备安装，往往集中在厕浴厨房间，安装洁具、器具等设备及水暖管道的预埋件、固定件（如螺钉、管卡等）确需穿过防水层时，其周边均应采用高性能的密封材料密封。穿过地面的管道应设管套。一定要协调好二者的施工程序，不得违规操作。

2

课题3 建筑防水工程施工课程的特点及学习方法

建筑防水技术是一项综合技术性很强的系统工程，涉及到防水设计的技巧、防水材料的质量、防水施工技术的高低、以及防水工程全过程，包括与基础工程、主体工程、装饰工程等的配合和在应用过程中的管理水平等。

建筑防水工程的施工，由于工程特点和施工条件等不同，可以采用不同的施工方法和不同的施工机具来完成，研究如何采用先进的施工技术、保证工程质量，求得最合理、最经济的完成施工工作，是本课程内容范畴。

3.1 学习本课程的基本要求

掌握和熟悉建筑防水工程的基本构造、施工工艺，能从技术与经济的观点出发，合理选择材料，拟定施工方案，并具有分析处理一般防水技术与施工管理问题的能力。

3.2 课程特点

本课程是一门综合性很强的应用科学。虽然仅属于建筑施工的一个工种工程，但在内容中根据工程实际，将建筑构造知识、建筑材料知识、工程质量检验等知识融入其中。在综合运用建筑基本知识、工程测量、建筑其他工种施工的知识的基础上，应用有关施工规范与施工规程（规定）来解决防水施工中的问题。同时，生产实践是建筑施工发展的源泉，施工与实践的紧密联系为课程提供日益丰富的研究内容，使得该课程实践性很强。

3.3 学习方法

由于本课程综合性、实践性强，学习时看懂容易，真正理解掌握并正确应用比较困难。因此，建议在学习过程中，认真学习领会教材中的概念、基本原理和基本方法。同时选择一些典型的针对性的施工案例进行现场参观、学习，了解施工全过程。此外，对配合教学的实训课题进行细致的分析、理解，以期获得应用上的明显收益。

单元1 建筑防水材料基本知识

知识点： 了解防水材料发展及主要应用方向；熟悉石油沥青的分类、组分、主要性质及应用；认识和掌握常用防水卷材、防水涂料、密封材料的特点和应用。

建筑防水材料是指能够防止雨水、地下水与其他水分对建筑物和构筑物的渗透、渗漏和侵蚀的材料。建筑防水材料是建筑防水工程的重要组成部分，是建筑工程中不可缺少的材料，在其他工程中，如公路桥梁、水利工程等也有广泛的应用。

建筑工程防水技术按其构造做法可分为结构构件自防水和防水层防水两大类。防水层的做法按照材料不同又分为刚性材料防水和柔性材料防水。刚性材料防水是采用涂抹防水砂浆、浇筑掺入防水剂的混凝土或预应力混凝土等做法；柔性材料防水是采用铺设防水卷材、涂抹防水涂料等做法。多数建筑物采用柔性材料防水做法。

防水材料质量的优劣与建筑物的使用寿命是紧密联系的。国内外使用沥青为防水材料已有很久历史，直至现在，沥青基防水材料也是应用最广的防水材料，但是其使用寿命较短。随着石油工业的发展，各种高分子材料的出现，为研制性能优良的新型防水材料提供了原料和技术，防水材料已向橡胶基和树脂基防水材料及高聚物改性沥青系列发展；防水层的构造已由多层防水向单层防水发展，施工方法已由热熔法向冷贴法发展。

课题1 沥青材料

沥青材料是一种憎水性有机胶凝材料，常温下呈黑色或黑褐色的固体、半固体或液体的混合物。沥青材料结构致密，几乎完全不溶水和不吸水；与混凝土、砂浆、木材、金属、砖、石料等材料有非常好的粘结能力；具有较好的抗腐蚀能力，能抵抗一般酸、碱、盐等的腐蚀；具有良好的电绝缘性。因而，广泛用于建筑工程的防水、防潮、防渗及防腐和交通、水利工程。

1.1 沥青的分类

沥青按其在自然界中获得的方式，可分为地沥青和焦油沥青两大类。

地沥青是天然存在的或由石油精制加工得到的沥青材料，包括天然沥青和石油沥青。天然沥青是石油在自然条件下，长时间经受地球物理因素作用而形成的产物。石油沥青是指石油的原油经蒸馏等工艺提炼出各种轻质油及润滑油后的残留物，再进一步加工得到的产物。

焦油沥青是利用各种有机物（烟煤、木材、页岩等）干馏加工得到的焦油，再经分馏加工提炼出各种轻质油后而得到的产品。焦油沥青包括煤沥青、木沥青、泥炭沥青和页岩沥青。工程中使用最多的是石油沥青和煤沥青。

1.2 石 油 沥 青

1.2.1 石油沥青的组分

石油沥青是石油经蒸馏提炼出各种轻质油品（汽油、煤油等）及润滑油以后的残留物，经过再加工得到的褐色或黑褐色的黏稠状液体或固体状物质。

石油沥青的成分非常复杂，在研究沥青的组成时，将其中化学成分相近、物理性质相似的部分划分为若干组，即组分。各组分含量的变化直接影响着沥青的技术性质。石油沥青一般分为油分、树脂、地沥青质三大组分。

石油沥青的组分及其主要特性   表 1-1

组 分		状态	颜 色	密度（g/cm³）	含量（质量百分数，%）	作 用
油 分		黏性液体	淡黄色至红褐色	小于 1	40 ~ 60	使沥青具有流动性
树脂	酸性	黏稠固体	红褐色至黑褐色	略大于 1	15 ~ 30	提高沥青与矿物的黏附性
	中性					使沥青具有黏附性和塑性
地沥青质		粉末颗粒	深褐色至黑褐色	大于 1	10 ~ 30	能提高沥青的黏性和耐热性；含量提高，塑性降低

石油沥青的状态随温度不同改变。温度升高，固体沥青中的易熔成分逐渐变为液体，使沥青的流动性提高；当温度降低时，它又恢复为原来的状态。石油沥青中各组分不稳定，会因环境中阳光、空气、水等因素作用而变化，油分、树脂减少，地沥青质增多，这一过程称为"老化"。这时，沥青层的塑性降低，脆性增加，变硬，出现脆裂，失去防水、防腐蚀效果。

1.2.2. 石油沥青的技术性质

（1）黏滞性（黏性）

黏滞性是指沥青材料抵抗外力作用下发生黏性变形的能力。

石油沥青的黏滞性大小与其组分及温度有关。地沥青质含量高，同时有适量的树脂，而油分含量较少时，则黏滞性较大。在一定温度范围内，当温度上升时，黏滞性随之降低，反之，则增大。

半固体和固体沥青的黏性用针入度仪测定的针入度表示。针入度值越小，表明石油沥青的黏度越大。针入度是在规定温度 25℃条件下，以规定质量 100g 的标准针，经历 5s 贯入沥青试样中的深度，每 0.1mm 为 1 度。符号为 P（25℃、50g、5s），如图 1-1 所示。

液体沥青的黏性用标准黏度计测定的粘滞度表示。标准黏滞度值越大，则表明石油沥青的黏度越大。标准黏滞度是在规定温度（20、25、30℃或 60℃）、规定直径（3、5mm 或 10mm）的孔口流出 50mL 沥青所需的时间秒数。符号为 $C_d^t T$。d 为流口孔径，t 为试样温度，T 为流出 50mL 沥青所需的时间，如图 1-2 所示。黏滞度和针入度是划分沥青牌号的主要指标。

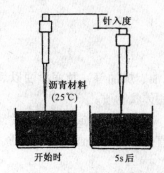

图 1-1　黏滞度测定示意图

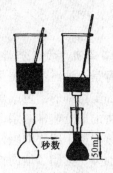

图 1-2　针入度测定示意图

（2）塑性

塑性是指沥青在外力作用下产生变形而不破坏（产生裂缝或断开），除去外力后仍保持变形后的形状不变的性质，又称延展性。塑性用延伸度表示，简称延度。

延度的测定是将沥青制成"8"字形标准试件（中间最小截面积 $1cm^2$），在规定拉伸速度（5mm/min）和规定温度（25℃）下拉断时的长度（cm），如图 1-3 所示。

石油沥青的塑性大小与组分有关。石油沥青中树脂含量较多，且其他组分含量适当时，则塑性较大。影响沥青塑性的因素有温度和沥青膜层厚度。温度升高，塑性增大，膜层愈厚，塑性愈高。反之，膜层越薄，则塑性越差。在常温下，塑性较好的沥青在产生裂缝时，也可能由于特有的粘塑性而自行愈合。沥青的塑性对冲击振动有一定的吸收能力，能减少摩擦时的噪声，所以沥青也是一种优良的地面材料。

（3）温度敏感性（温度稳定性）

温度敏感性是指石油沥青的黏滞性和塑性随温度升降而变化的性能。也称温度稳定性。变化程度越大，沥青的温度稳定性越差。沥青作为屋面防水材料，受日照辐射作用可能发生软化和流淌而失去防水作用。因此，温度敏感性是沥青材料一个很重要的性质。

沥青的温度敏感性用软化点表示。采用"环球法"测定，如图 1-4，它是将沥青试样装入规定尺寸（直径约 16mm，高约 6mm）的铜环内，试样上放置一标准钢球（直径 9.53mm，重 3.5g），浸入水中或甘油中，以规定的升温速度（5℃/min）加热，使沥青软化下垂，当下垂到规定距离（25.4mm）时的温度即为软化点，单位为摄氏度。软化点低的沥青，气温高时易产生变形，甚至流淌；软化点越高，则温度敏感性越小，沥青的耐热性越好，但软化点太高，沥青不易加工；

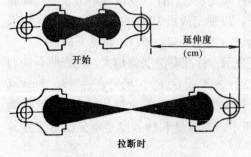

图 1-3　延度测定示意图

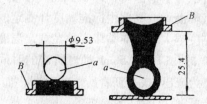

图 1-4　软化点测定示意图

石油沥青中地沥青质含量较多时，在一定程度上能够减少其温度敏感性（即提高温度稳定性），沥青中含蜡量较多时，则会增大温度敏感性。建筑工程上要求选用温度敏感性较小的沥青材料，因而在工程使用时往往加入滑石粉、石灰石粉或其他矿物填料来减少其温度敏感性。

（4）大气稳定性

大气稳定性是指石油沥青在热、阳光、空气和潮湿等因素的长期综合作用下抵抗老化的性能。

在阳光、空气和热等的综合作用下，沥青各组分会不断转化，即油分和树脂相对含量减少，而地沥青质逐渐增多，从而使沥青流动性和塑性逐渐减小，硬脆性逐渐增大，直至脆裂，这种现象称为沥青的老化。

石油沥青的大气稳定性以沥青试样在160℃下恒温5h后质量蒸发损失百分率或蒸发后与蒸发前的针入度的比值表示。蒸发损失百分率越小，蒸发后针入度比值愈大，则表示沥青的大气稳定性愈好，即老化愈慢。一般情况下，石油沥青的蒸发损失百分率不超过1%，建筑石油沥青的针入度比不小于75%。

（5）施工安全性

黏稠沥青在使用时必须加热，当加热至一定温度时，沥青材料中挥发的油分蒸气与周围空气组成混合气体，此混合气体遇火焰则易发生闪火。若继续加热，油分蒸气的饱和度增加。由于此种蒸气与空气组成的混合气体遇火焰极易燃烧而引发火灾。因此必须测定沥青加热闪火和燃烧的温度，即闪点和燃点。

闪点是指加热沥青至挥发出的可燃气体和空气的混合物，初次闪火（有蓝色闪光）时的最低温度（℃）。

燃点是指加热沥青产生的气体和空气的混合物，与火焰接触能持续燃烧5s以上时的最低温度（℃）。

闪点和燃点的高低表明沥青引起火灾或爆炸的可能性大小，它关系到运输、贮存和加热使用等方面的安全。

1.2.3 石油沥青的选用

（1）石油沥青的技术标准

石油沥青的技术标准有建筑石油沥青国标 GB494—1985，道路石油沥青部颁标准 SH1661—1992。石油沥青牌号主要根据以针入度指标范围相应的软化点和延伸度来划分，见表1-2。

道路石油沥青和建筑石油沥青技术标准　　　　　　表 1-2

项　　目	道路石油沥青							建筑石油沥青	
	200	180	140	100甲	100乙	60甲	60乙	30	10
针入度（25℃，100g）/0.1mm	201～300	161～200	121～160	91～120	81～120	51～80	41～80	25～40	10～25
针入度（25℃）（cm）≥	—	100	100	90	60	70	40	3	1.5
软化点（环球法）（℃）≥	30～45	35～45	38～48	42～52	42～52	45～55	45～55	70	95
溶解度（三氯乙烯，四氯化碳或苯）（%）≥	99	99	99	99	99	99	99	99.5	99.5

项　目	道路石油沥青							建筑石油沥青	
	200	180	140	100甲	100乙	60甲	60乙	30	10
蒸发损失（160℃，5h）（%）≤	1	1	1	1	1	1	1	1	1
蒸发后针入度比（%）≥	50	60	60	65	65	70	70	65	65
闪点（℃）≥	180	200	230	230	230	230	230	230	230

（2）石油沥青的选用原则

根据工程特点、使用部位和环境条件的要求，对照石油沥青的技术性质指标，在满足使用要求的前提下，尽量选用较大牌号的品种，以保证正常使用条件下具有较长的使用年限。

道路石油沥青黏性差、塑性好，容易渗透和乳化，但弹性、耐热性和温度稳定性较差，可用来拌制沥青混凝土或砂浆，用于修筑路面和各种防渗、防护工程，还可用来配制填缝材料、粘结剂和防水材料。建筑石油沥青具有良好的防水性、粘结性、耐热性及温度稳定性，但黏度大，延伸变形性能较差，主要用于屋面和各种防水工程，并用来制造防水卷材，配制沥青胶和沥青涂料。普通石油沥青性较差，一般较少单独使用，可以作为建筑石油沥青的掺配材料。

沥青选用时，概据工程条件及环境特点，确定沥青的主要技术要求。一般情况下，屋面沥青防水层，要求具有较好的粘结性、温度敏感性和大气稳定性，夏季高温不流淌；同时要求有耐低温能力，以保证冬季低温不脆裂。用于地下防潮、防水工程的沥青，要求具有黏性大，塑性和韧性好，但对其软化点要求不高，以保证沥青层与基层粘结牢固，并能适应结构的变形，抵抗尖锐物的刺入，保持防水层完整，不被破坏。

1.3　煤　沥　青

煤沥青是炼焦或生产煤气的副产品。烟煤干馏时所挥发的物质冷凝得到的黑色黏稠物质，称为煤焦油，煤焦油再经分馏提取各种油品后的残渣即为煤沥青。与石油沥青相比，煤沥青具有的特点见表1-3。煤沥青中含有酚，有毒，但防腐性好，适用于地下防水层或作防腐蚀材料。

石油沥青与煤沥青的主要区别　　　　　　　　　　　　表 1-3

性　质	石　油　沥　青	煤　沥　青
密度/（g/cm³）	近于 1.0	1.25～1.28
锤　击	韧性较好	韧性差，较脆
颜　色	灰亮褐色	浓黑色
溶　解	易溶于汽油、煤油中，呈棕黑色	难溶于汽油，煤油中，呈黄绿色
温度敏感情	较　好	较　差
燃　烧	烟少无色，有松香味，无毒	烟多，黄色，臭味大有毒
防水性	好	较差（含酚，能溶于水）

性　　质	石　油　沥　青	煤　沥　青
大气稳定性	较　　好	较　　差
抗腐蚀性	差	较　　好

由于煤沥青在技术性能上存在较多的缺点，而且成分不稳定，有毒性，对人体和环境不利，近来已经很少用于建筑、道路和防水工程中。

1.4　改性沥青

建筑上使用的沥青必需具有一定的物理性质和粘附性。如在低温条件下应有弹性和塑性；在高温条件下要有足够的强度和稳定性；在加工和使用过程中具有抗老化能力；还应与各种矿物料和结构表面有较强的粘附力；对构件变形的适应性和耐疲劳性等。通常，沥青不一定能全面满足这些要求，致使沥青防水发生渗漏现象，缩短使用寿命。为此，常用橡胶、树脂和矿物填料等对沥青进行氧化、乳化、催化，使沥青性质发生不同程度的改善，得到的产品称为改性沥青。橡胶、树脂和矿物填料等通称为石油沥青改性材料。

1.4.1　橡胶改性沥青

橡胶是沥青的重要改性材料，它和沥青有较好的混溶性，并能使沥青具有橡胶的很多优点，如高温变形小，低温柔性好。由于橡胶的品种不同，掺入的方法也有所不同，因而各种橡胶沥青的性能也有差异。常用的品种有：

（1）氯丁橡胶改性沥青

沥青中掺入氯丁橡胶（CR）后，可使其气密性、低温柔性、耐化学腐蚀性、耐光性、耐臭氧性、耐气候性和耐燃烧性得到很大的改善。

氯丁橡胶掺入沥青中的方法有溶剂法和水乳法。先将氯丁橡胶溶于一定的溶剂（如甲苯）中形成溶液，然后掺入沥青（液体状态）中，混合均匀即成为氯丁橡胶沥青。或者分别将橡胶和沥青制成乳液，再混合均匀即可使用。

（2）丁基橡胶改性沥青

丁基橡胶沥青具有优异的耐分解性，并有较好的低温抗裂性能和耐热性能。配制的方法为：将丁基橡胶（IIR）碾切成小片，于搅拌条件下把小片加热到100℃的溶剂中（不得超过100℃），制成浓溶液。同时，将沥青加热脱水熔化成液体状沥青。通常在100℃左右把两种液体按比例混合搅拌均匀进行浓缩15~20min，达到要求性能指标。同样也可以分别将丁基橡胶和沥青制备成乳液，然后按比例把两种乳液混合即可。丁基橡胶在混合物中的含量一般为2%~4%。

（3）再生橡胶改性沥青

再生橡胶掺入沥青中后，可大大提高沥青的气密性、低温柔性、耐光性、耐热性、耐臭氧性、耐气候性。

再生橡胶沥青材料的制备方法为：先将废旧橡胶加工成1.5mm以下的颗粒，然后与沥青混合，经加热搅拌脱硫，就能得到具有一定弹性、塑性和粘结力良好的再生胶沥青材料。废旧橡胶的掺量视需要而定，一般为3%~15%。

1.4.2 树脂改性沥青

用树脂改性石油沥青,可以改进沥青的耐寒性、粘结性和不透气性。由于石油沥青中含芳香性化合物很少,故树脂和石油沥青的相溶性较差,而且可用的树脂品种也较少。常用的品种有:古马隆树脂沥青(香豆桐树脂沥青)、聚乙烯树脂沥青、无规聚丙烯树脂沥青等。

1.4.3 橡胶和树脂改性沥青

橡胶和树脂同时用于改善石油沥青的性质,使石油沥青同时具有橡胶和树脂的特性。且树脂比橡胶便宜,橡胶和树脂又有较好的混溶性,故效果较好。

橡胶、树脂和沥青在加热熔融状态下,沥青与高分子聚合物之间发生相互侵入和扩散,沥青分子填充在聚合物大分子的间隙内,同时聚合物分子的某些链节扩散进入沥青分子中,形成凝聚的网状混合结构,故可以得到较优良的性能。

配制时,采用的原材料品种、配比、制作工艺不同,可以得到很多性能各异的产品。主要有卷、片材,密封材料,防水材料等。

1.4.4. 矿物填充料改性沥青

矿物填充料改性沥青是在沥青中掺入适量粉状或纤维状矿物填充料经均匀混合而成。矿物填充料掺入沥青中后,能被沥青包裹形成稳定的混合物,由于沥青对矿物填充料的湿润和吸附作用,沥青可能成单分子状排列在矿物颗粒(或纤维)表面,形成结合力牢固的沥青薄膜,具有较高的融性和耐热性等。因而提高沥青的粘结能力、柔韧性和耐热性,减少了沥青的温度敏感性,并且可以节省沥青。常用的矿物填充料大多数是粉状的和纤维状材料,主要有滑石粉、石灰石粉、硅藻土和石棉等。掺入粉状填充料时,合适的掺量一般为沥青重量的 10% ~ 25%;采用纤维状填充料时,其合适掺量一般 5% ~ 10%。

矿物填充料改性沥青主要用于粘贴卷材、嵌缝、接头、补漏及做防水层的底层。既可热用也可冷用。热用时,是将石油沥青完全熔化脱水后,再慢慢加入填充料,同时不停地搅拌至均匀为止,要防止粉状填充料沉入锅底。填充料在接入沥青前应干燥并直接加热。热沥青玛瑞酯的加热温度不应超过 240℃,使用温度不应低于 190℃。冷用时,是将沥青熔化脱水后,缓慢加入稀释剂,再加入填充料搅拌而成,它可在常温下施工,改善劳动条件,同时减少沥青用量,但成本较高。

课题 2 防水卷材

防水卷材是一种可卷曲的片状防水制品。它具有尺寸大、施工效率高、防水效果好、使用年限长等优点。按照其组成材料可分为氧化沥青防水卷材、高聚物改性沥青防水卷材、合成高分子防水卷材及金属防水卷材等。建筑工程中常用的防水卷材及性能见表1-4。

防水卷材分类表 表1-4

材料分类		品 种	性 能 指 标					特 点
			强度	延伸率 (%)	耐高温性 (℃)	低温柔性 (℃)	不透水性	
合成高分子卷材	硫化橡胶型	三元乙丙橡胶卷材(EPDM) 氯化聚乙烯橡胶共混卷材(CPE) 再生胶类卷材	≥6MPa	≥400		-30	≥0.3MPa ≥30min	强度高,延伸大,耐低温好,耐老化

材料分类		品　种	性 能 指 标					特　点
			强度	延伸率（%）	耐高温性（℃）	低温柔性（℃）	不透水性	
合成高分子卷材	树脂型	聚氯乙烯材料（PVC） 氯化聚乙烯橡塑卷材（CPE） 聚乙烯卷材（HDPE·LDPE）	≥10 MPa	≥200	—	－20	≥0.3MPa ≥30min	强度高，延伸大，耐低温好，耐老化
	橡塑共混型	乙丙橡胶—聚丙烯共聚卷材（TPO）	≥6MPa	≥400	—	－40	≥0.3MPa ≥30min	延伸大，低温好，施工简便
		自粘卷材（无胎）	≥100 N/5cm	≥200	≥80	－20	≥0.2MPa ≥30min	延伸大，施工方便
		自粘卷材（有胎）	≥250 N/5cm	≥30	≥80	－20	≥0.2MPa ≥30min	强度高，施工方便
高聚物改性沥青卷材		SBS 改性沥青卷材	≥450	≥30	≥90	－18	≥0.3MPa ≥30min	耐低温好，耐老化好
		APP（APAO）改性沥青卷材	≥450	≥30	≥110	－5	≥0.3MPa ≥30min	适合高温地区使用
		自粘改性沥青卷材	≥450	≥500	≥85	－20	≥0.3MPa ≥30min	延伸大，耐低温好，施工简便
金属卷材		铝锡合金卷材	≥20MPa	≥30	—	－30		耐老化优越，耐腐蚀能力强

2.1　沥 青 卷 材

用原纸、纤维织物、纤维毡等胎体材料浸涂沥青胶，表面撒布粉状、粒状或片状材料制成的可卷曲的片状防水材料称之为沥青防水卷材，常用的有纸胎沥青油毡、玻纤胎沥青油毡。

焦油沥青防水卷材的物理力学性能差、对环境污染大，已被强制淘汰。目前的沥青防水卷材均使用石油沥青制造，由于它高低温性能差，尤其是低温性能差，强度低，延伸率小，使用量在逐年减少，部分地区已将其列为淘汰产品。

2.1.1　石油沥青纸胎防水卷材（纸胎油毡）

纸胎油毡系采用低软化点石油沥青浸渍原纸，用高软化点沥青涂盖油纸的两面，再撒以隔离材料而制成的一种防水卷材。

由于沥青材料的温度敏感性大，低温柔性差，易老化，因而使年限较短。其中 200 号用于简易防水、临时性建筑防水、防潮及包装等，350 号、500 号油毡用于防水等级为Ⅲ、Ⅳ级的屋面工程和地下工程的多层防水。在防水材料的应用中应限制、并逐渐淘汰纸胎油毡的使用。

2.1.2　石油沥青玻璃纤维油毡（简称玻纤油毡）和玻璃布油毡

玻纤油毡是采用玻璃纤维薄毡为胎基，浸涂石油沥青，表面撒以矿物材料或覆盖以聚乙烯薄膜等隔离材料，制成的一种防水卷材。玻纤油毡柔性好（在 0～10℃弯曲无裂纹），耐化学微生物的腐蚀，寿命长。用于防水等级为Ⅲ级的屋面工程。

玻璃布油毡是采用玻璃布为胎基，浸涂石油沥青，表面撒以矿物料或覆盖以聚乙烯薄膜等隔离材料，制成的一种防水卷材。具有拉力大及耐霉菌性好，适用于要求强度高及耐霉菌性好的防水工程，柔韧性也比纸胎油毡好，易于在复杂部位粘贴和密封。主要用于铺设地下防水、防潮层、金属管道的防腐保护层。

2.1.3 沥青复合胎柔性防水卷材

沥青复合胎柔性防水卷材是指以沥青（用橡胶、树脂等高聚物改性）为基料，以两种材料复合为胎体、细砂、矿物粒（片）料、聚酯膜、聚乙烯膜等为覆面材料，以浸涂、滚压工艺而制成的防水卷材。按胎体分为沥青聚酯毡、玻纤网格布复合胎柔性防水卷材沥青玻纤毡、玻纤网格布复合胎柔性防水卷材沥青涤棉无纺布、玻纤网格布复合胎柔性防水沥青玻纤毡、聚乙烯膜复合胎柔性防水卷材。规格尺寸有长 10、7.5m；宽 1000、1100mm；厚度 3、4mm。按物理性能分为一等品（B）和合格品（C）。

2.1.4 铝箔面油毡

铝箔面油毡是用玻璃纤维毡为胎基，浸涂氧化沥青，表面用压纹铝箔贴面，底面撒以细颗粒矿物料或覆盖以聚乙烯（PE）膜制成的防水卷材。具有美观效果及能反射热量和紫外线的功能，能降低屋面及室内温度，阻隔蒸气的渗透，用于多层防水的面层和隔气层。

2.2 高聚物改性沥青卷材

以合成高分子聚合物（如 SBS、APP、APAO、丁苯胶、再生胶等）改性沥青为涂盖层，纤维织物或纤维毡为胎体，粉状、粒状、片状或薄膜材料为覆面材料制成的可卷曲片状防水材料称为高聚物改性沥青防水卷材。

高聚物改性沥青卷材克服了沥青卷材温度敏感性大、延伸率小的缺点。具有高温不流淌、低温不脆裂、抗拉强度高、延伸率大的特点，而且材料来源广，按要求厚度一次成型。底面敷以热熔胶，可以热熔施工，大大简化了施工工艺，提高了施工安全性。它适用于屋面防水，地下室平面防水。由于高聚物改性沥青卷材主要材料为沥青，温度敏感性仍然较大，强度和延伸又取决于胎体的强度和延伸，所以在需强度更高、延伸更大的防水层和坡度较大的屋面采用时就必须采取一定的技术措施，否则就不宜采用。

高聚物改性沥青卷材种类：

根据高聚物改性材料的种类不同，国内目前使用的高聚物改性沥青卷材主要品种有：SBS 改性沥青热熔卷材、APP 改性沥青热熔卷材、APAO 改性沥青热熔卷材、再生胶改性沥青热熔卷材等。

（1）弹性体改性沥青防水卷材（SBS）

弹性体改性沥青防水卷材是 SBS 热塑性弹性体作改性剂，以聚酯毡或玻纤毡为胎基，两面覆盖以聚乙烯膜（PE）、细砂（S）、粉料或矿物粒（片）料（M）制成的卷材，简称 SBS 卷材，是大力推广使用的防水卷材品种。弹性体（SBS）改性沥青防水卷材的物理力学性能见表 1-5。

弹性体（SBS）改性沥青防水卷材的物理力学性能　　　　　　表 1-5

胎　基		聚　酯　毡		玻　纤　毡	
型　号		Ⅰ 型	Ⅱ 型	Ⅰ 型	Ⅱ 型
可溶物含量 /（g/m²）	2mm	—		1300	
	3mm	2100			
	4mm	2900			

胎 基		聚 酯 毡		玻 纤 毡	
型 号		Ⅰ型	Ⅱ型	Ⅰ型	Ⅱ型
不透水性	水压力（MPa）（保持 30min 以上），≥	0.3		0.2	0.3
耐热度/℃		90	105	90	105
		无滑动、流淌、滴落			
拉力 （N/50mm），≥	纵 向	450	800	350	500
	横 向			250	300
最大拉力时的 伸长率（%）≥	纵 向	30	40	—	—
	横 向				
低温柔度（℃）	纵 向	250	350	250	350
	横 向			170	200
人工气候加速 老化	外 观	一级，无滑动，流淌，滴落			
	纵向拉力保持率（%），≥	80			
	低温柔度（℃），≥	−10	−20	−10	−20

SBS 卷材属高性能的防水材料，保持沥青防水的可靠性和橡胶的弹性，提高了柔韧性、延展性、耐寒性、粘附性、耐气候性，具有良好的耐高、低温性能，可形成高强度防水层。耐穿刺、硌伤、撕裂和疲劳，出现裂缝能自我愈合，能在寒冷气候热熔搭接，密封可靠。

SBS 卷材广泛应用于各种领域和类型的防水工程。最适用于以下工程：工业与民用建筑的常规及特殊屋面防水；工业与民用建筑的地下工程的防水、防潮及室内游泳池等的防水；各种水利设施及市政工程防水。

（2）塑性体（APP）改性沥青防水卷材

塑性体改性沥青防水卷材是指以聚酯毡或玻纤毡为胎基，无规聚丙烯（APP）或聚烯烃类聚合物作改性剂，两面覆以隔离材料所制成的防水卷材，简称 APP 卷材。塑性体（APP）改性沥青防水卷材物理力学性能见表1-6。

塑性体（APP）改性沥青防水卷材物理力学性能 表1-6

胎 基		聚 酯 毡		玻 纤 毡	
型 号		Ⅰ型	Ⅱ型	Ⅰ型	Ⅱ型
可溶物含量 （g/m²）	2mm	—		1300	
	3mm	2100			
	4mm	2900			
不透水性	压力（MPa），≥	0.3		0.2	0.3
	保持时间（min），≥	30		30	
耐热度（℃），（无滑动、流淌、滴落），≥		110	130	110	130

胎　基		聚酯毡		玻纤毡	
型　号		Ⅰ型	Ⅱ型	Ⅰ型	Ⅱ型
拉力 （N/50mm），≥	纵　向	450	800	350	500
	横　向			250	300
最大拉力时的伸长率（%）≥		25	40	—	
低温柔度（℃）（无裂纹）		−5	−15	−5	−15
撕裂强度（N），≥	纵　向	250	350	250	350
	横　向			170	200
人工加速老化	外　观	一级，无滑动，流淌，滴落			
	纵向拉力保持率（%），≥	80			
	低温柔度，无裂纹（℃），	−3	−10	3	−10

APP卷材具有良好的防水性能、耐高温性能和较好的柔韧性（耐−15℃不裂），能形成高强度、耐撕裂、耐穿刺的防水层，耐紫外线照射，耐久寿命长。采用热熔法粘接，可靠性强。

APP卷材广泛用于各种领域和类型的防水，尤其是工业与民用建筑的屋面及地下防水、地铁、隧道桥和高架桥上沥青混凝土桥面的防水，须用专用胶粘剂粘结。

2.3　合成高分子卷材

以合成橡胶、合成树脂或它们两者共混体为基料，加入适量的化学助剂和填充料，经不同工序加工而成的卷曲片状防水材料；或将上述材料与合成纤维等复合形成两层或两层以上可卷曲的片状防水材料称为合成高分子防水卷材。

合成高分子卷材具有拉伸强度高、断裂伸长率大、抗撕裂强度高、耐热性能好、低温柔性好、耐腐蚀、耐老化以及可以冷施工等优越性能，经工厂机械化加工，厚度和质量保证率高，可采用冷粘铺贴、焊接、机械固定等工艺加工。

合成高分子卷材适用于各种屋面防水、地下室防水、不适用于屋面有复杂设施、平面标高多变和小面积防水工程应用。

合成高分子卷材种类：

目前使用的合成高分子卷材主要有：三元乙丙、氯化聚乙烯、聚氯乙烯、氯磺化聚乙烯防水卷材等。

(1) 三元乙丙橡胶防水卷材（EPDM卷材）

三元乙丙橡胶防水卷材是以三元乙丙橡胶或掺入适量丁基橡胶为基料，加入各种添加剂而制成的高弹性防水卷材。一般规格：厚度有1.0、1.2、1.5、1.8、2.0mm；宽度有1.0、1.2m；长度20m。

三元乙丙橡胶防水卷材的耐老化性能好，使用寿命长（30~50年）、耐紫外线、耐氧化、弹性好、质轻、适应变形能力强，拉伸性能、抗裂性优异，耐高、低温性好，能在严寒或酷热环境中使用，应用历史较长，应用技术成熟，是一种重点发展的高档防水卷材。

三元乙丙橡胶防水卷材在工业及民用建筑的屋面工程中，适用于外露防水层的单层或多层防水，如易受振动、易变形的建筑防水工程，有刚性保护层或倒置式屋面及地下室、桥梁、隧道防水。

（2）聚氯乙烯防水卷材（PVC 卷材）

PVC 卷材是以聚氯乙烯树脂为主要基料，掺加适量添加剂加工而成的防水材料，属非硫化型、高档弹塑性防水材料。按基料分为 S 型、P 型两种。S 型是以煤焦油与聚氯乙烯树脂混溶料为基料的柔性卷材，P 型是以增塑聚氯乙烯树脂为基料的塑性卷材。按有无增强材料分为均质型（单一的 PVC 片材）和复合型（有纤维毡或纤维织物增强材料）两个品种。规格：厚度有 0.5、1.0、1.2、1.5、1.8、2.0、2.5mm；长度 20m。

PVC 卷材的拉伸强度高，伸长率大，对基层的伸缩和开裂变形适应性强；卷材幅面宽，可焊接性好；具有良好的水蒸气扩散性，冷凝物容易排出；耐穿透、耐腐蚀、耐老化。低渐柔性和耐热性好。可用于各种屋面防水、地下防水及旧屋面维修工程。

（3）氯化聚乙烯—橡胶共混防水卷材

以氯化聚乙烯树脂和丁苯橡胶的混合体为基料，加入各种添加剂加工而成，简称共混卷材。属硫化型高档防水卷材。

卷材的厚度有 1.0、1.2、1.5、1.8、2.0mm，幅宽有 1000、1200mm，长度为 20m，其物理性能应符合国标《高分子防水卷材》GB18173.1-2000 的规定。具有高伸长率、高强度，耐臭氧性能和耐低温性能好，耐老化性、耐水和耐腐蚀性强。性能优于单一的橡胶类或树脂类卷材，对结构基层的变形适应能力大，适用于屋面的外露和非外露防水工程，地下室防水工程、水池、土木建筑的防水工程等。

2.4 金属防水卷材

以铅、锡、锑等金属材料经熔化、浇筑、辊压成片状可卷曲的防水材料，PSS 合金防水卷材是惰性金属、具有耐腐蚀、不燃、不老化、耐久性极好、强度高、延伸大、耐高低温好、耐穿刺好、防水性能可靠、对基层要求低，可在潮湿基层上使用、施工方便、使用寿命长、维修费用省等特点，综合性能优越。搭接缝采取焊丝焊接，搭接缝防水可靠。它适用于屋面防水，尤其可用于蓄水屋面、种植屋面、地下室防水和水池防水。PSS 合金防水卷材规格见表 1-7，PSS 合金防水卷材物理性能见表 1-8。

PSS 合金防水卷材规格 　　　　　　　　　　　　　　　表 1-7

厚度（mm）	宽度（mm）	每卷长度（m）
0.4	510	10
0.6	510	7.5
0.7	510	7.5

PSS 合金防水卷材物理性能 　　　　　　　　　　　　　表 1-8

项　目	单　位	指　标
拉伸强度	MPa	≥20
断裂伸长率	%	≥30

项 目		单 位	指 标
熔 点		℃	≥500
抗冲击性		—	无裂纹和穿孔成焊缝外断裂
剪切状态下焊接		N/mm	≥5 或焊缝处断裂
溶液处理	外 观	—	无麻面、砂眼和开裂
	拉伸强度变化率	%	±20
	断裂伸长变化率	%	±20

注：要求焊丝的含锡量≥60%。

2.5 新型防水、保温一体的防水材料

在现行防水材料中，有一些品种具有良好的复合功能。其中聚氨酯硬泡体防水保温材料就是具有防水和保温隔热复合功能的一种新型防水材料。

聚氨酯硬泡体是一种高分子材料，在聚氨酯喷涂过程中，产生高闭孔率的硬泡体化合物，将防水和保温功能集于一体，现场喷涂施工，快速发泡成型，具有优良的保温隔热功能，同时具有良好的防水性能。

聚氨酯硬泡体的主要技术特点有：

(1) 防水保温一体化，使用专用的设备喷涂在基面上，保证防水保温性能的整体优良。

(2) 工程可靠性高，现场喷涂，无需预制搭接，形成壳体，和各种基面粘结性能好。

(3) 重量轻，可降低荷载，非常适用于轻型框架结构和大跨度的厂房和高层建筑。

(4) 节能效率高，保温隔热防水性能好。

(5) 设计简单，施工维修方便。采用现场喷涂，防水保温一次完成，对施工部位没有特殊要求，操作方便，工期短。在维修旧屋面时，可以不铲除旧基层，降低工程施工强度和难度。

(6) 无氟发泡，适应环境宽，符合环保要求，耐环境温度 -50~+150℃的范围，且耐弱酸、弱碱等化学物质的腐蚀，耐用年限可达20年。

聚氨酯硬泡体主要用于防水等级为Ⅰ~Ⅳ级工业与民用建筑的平屋面、斜屋面、墙体及大跨度的金属网架结构与异形屋面的防水保温。既可用于混凝土结构、金属结构、木质结构的屋面和墙体的防水，也适用于需要防渗漏的建筑物和构筑物，如游泳池、蓄水池和屋顶花园的防水保温。

课题3 防水涂料

防水涂料是以沥青、合成高分子等为主体，在常温下呈无定形流态或半固态，涂布在构筑物表面，通过溶剂挥发或反应固化后能形成坚韧防水膜的材料的总称。

按主要成膜物质可划分为沥青类、高聚物改性沥青类、合成高分子类、水泥类四种。按涂料的液态类型，可分为溶剂型、水乳型、反应型三种。按涂料的组分可分为单组分和双组分两种。

16

3.1 沥青类防水涂料

这类涂料的主要成膜物质是沥青，包括溶剂型和水乳型两种，主要品种有冷底子油、沥青胶、水性沥青基防水涂料。

3.1.1 冷底子油

冷底子油是将建筑石油沥青（30 号、10 号或 60 号）加入汽油、柴油或将煤沥青（软化点为 50~70℃）加入苯，溶和而成的沥青溶液。一般不单独作为防水材料使用。冷底子油作为打底材料与沥青胶配合，可以增加沥青胶与基层的粘接力。常用配合比为①石油沥青：汽油 = 30:70；②石油沥青：煤油或柴油 = 40:60。一般现用现配，用密闭容器储存，以防溶液挥发。

3.1.2 沥青胶

沥青胶是为了提高沥青的耐热性，降低沥青层的低温脆性，在沥青材料中加入填料进行改性而制成的液体。粉状填料有石灰石粉、白云石粉、滑石粉、膨润土等，纤维状填料有木质纤维，石棉屑等。

沥青与填充料应混合均匀，不得有粉团、草根、树叶、砂土等杂质。施工方法有冷用和热用两种。热用比冷用的防水效果好；冷用施工方便，不得烫伤，但耗费溶剂。用于沥青或改性沥青类卷材的粘接，沥青防水涂层和沥青砂浆层的底层。

3.1.3 水性沥青基防水涂料

水性沥青基防水涂料是指乳化沥青及在其中加入各种改性材料的水乳型防水材料。属于低档防水涂料，主要用于Ⅲ、Ⅳ级防水等级的屋面防水及厕浴间、厨房防水。

3.2 高聚物改性沥青类防水涂料

高聚物改性沥青防水涂料是以高聚物改性沥青为基料，制成的水乳型或溶济型防水涂料，有再生胶改性沥青防水涂料、水乳型氯丁橡胶沥青防水涂料、SBS 橡胶改性沥青防水涂料等。

3.2.1 再生胶改性沥青防水涂料

分为 JG-1 和 JG-2 两类冷胶料。

JG-1 型是溶剂再生胶改性沥青胶粘剂。以渣油（200 号或 60 号道路石油沥青）与废开司粉（废轮胎里层带线部分磨成的细粉）加热熬制，加入高标号的汽油而制成。

JG-2 型是水乳型的双组分防水冷胶料，属反应固化型。A 液为乳化橡胶，B 液为阴离子型乳化沥青，分别包装，现用现配，在常温下施工，维修简单，具有优良的防水、抗渗性能。温度稳定性好，但涂层薄，需多道施工（低于 5℃不能施工），加衬中碱玻璃丝或无防布可做水层。

3.2.2 氯丁橡胶改性沥青防水涂料

有溶剂型或水乳型两类，可用于Ⅱ、Ⅲ、Ⅳ级屋面防水。用溶剂型氯丁橡胶改性沥青防水涂料是将氯丁橡胶和石油沥青溶于芳烃溶剂（苯或二甲苯）中形成一种混合胶体溶液。具有较好的耐高、低温性能，黏结性好，干燥成膜速度快，按抗裂性及低温柔性可分为一等品和合格品。

3.2.3 检验及应用

高聚物改性沥青防水涂料适用于民用及工业建筑的屋面工程、厕浴间、厨房的防水、地下室、水池的防水、防潮工程以及旧油毡屋面的维修。在实际使用时应检验涂料的固含量、延伸性、柔韧性、不透水性、耐热性等技术指标合格后才能用于工程。

3.3 合成高分子类防水涂料

合成高分子类防水涂料是以合成橡胶或合成树脂为主要成膜物质,加入其他辅料而配成的单组分或双组分防水涂料。主要有聚氨酯(单、双组分)、硅橡胶、水乳型、丙烯酸酯、聚氯乙烯、水乳型三元乙丙橡胶防水涂料等。

3.3.1 聚氨酯防水涂料

又称聚氨酯涂涂膜防水材料,属双组分反应型,是甲乙两组分之间发生化学反应而直接由液态变成固态。可分为焦油系列双组分聚氨酯涂膜防水涂料和非焦油系列双组分聚氨脂涂膜防水涂料两种。该涂膜有透明、彩色、黑色等品种,具有耐磨、装饰及阻燃等性能。

在实际工程中应检验其涂膜表干时间、含固量、常温断裂延伸率及断裂强度、粘接强度和低温柔性等指标,合格后方可使用。主要用于防水等级为Ⅰ、Ⅱ、Ⅲ级的非外露层面、墙体及卫生间的防水防潮工程,地下围护结构的迎水面防水、地下室、储水池、人防工程等的防水。是一种常用的中高档防水涂料。

3.3.2 丙烯酸酯防水涂料

丙烯酸酯防水涂料是以纯丙烯酸共聚物、改性丙烯酸或纯丙烯酸乳液为主要成分,加入适量填料、助剂及颜料等配制而成,属合成树脂类单组分防水涂料。这类防水涂料的最大优点是具有优良的耐候性、耐热性和耐紫外线性,在 – 30~80℃范围内性能基本无多大变化。延伸性好,能适应基层的开裂变形。装饰层具有装饰和隔热效果。

施工工程中的检验项目与聚氨酯防水涂料相同,主要用于防水等级为Ⅰ、Ⅱ、Ⅲ级的屋面和墙体的防水防潮工程,黑色防水屋面的保护层,厕浴间的防水。

3.4 聚合物水泥基防水涂料（JS复合防水涂料）

该产品有机液料(由聚丙烯酸酯、聚醋酸乙烯酯乳液及各种添加剂组成)和无机粉料(由高铝高铁水泥、石英粉及各种添加剂组成)复合而成的双组分防水涂料,具有有机材料弹性高又有无机材料耐久性好的优点,涂覆后形成高强的防水涂膜,并可根据工程需要配置彩色涂层。

这种涂料的产品为双级分型。可在潮湿或干燥的砖石、砂浆、混凝土、金属、木材、各种保温层、防水层上直接施工,涂层坚韧高强,耐水、耐候、耐久性强,无毒、无害,施工简单,在立面、斜面和顶面施工不流淌,耐高温。适用于新旧建筑物及构筑物,是目前工程上应用较广的一种新型材料。

实际工程应用中应检验涂料的含固量、表干时间、实干时间、低温柔性、常温拉伸断裂延伸率及强度、不透水性和粘接性等指标。适用于工业及民用建筑的屋面工程,厕浴间厨房的防水防潮工程,地面、地下室、游泳池、罐槽的防水。

3.5 防水涂料的储运及保管

防水涂料的包装容器必须密封严实，容器表面应有标明涂料名称、生产厂名、生产日期和产品有效期的明显标志；储运及保管的环境温度不得低于 0℃；专门用于灭扑有机溶剂的消防措施；运输时，运输工具、车轮应有接地措施，防止静电起火。

3.6 常用防水涂料的性能及用途

常用防水涂料的性能和用途见表 1-9。

常用防水涂料的性能及用途 表 1-9

名称	性能	用途
乳化沥青防水涂料	成本低，施工方便，耐候性好，但延伸率低	适用于民用及工业建筑厂房的复杂屋面和青灰屋面防水，也可涂于屋顶钢筋板面和油毡屋面防水
橡胶改性沥青防水涂料	有一定的柔韧性和耐火性，常温下冷施工，安全可靠	适用于工业及民用建筑的保温屋面、地下室、洞体、冷库地面等的防水
硅橡胶防水涂料	防水性好，成膜性、弹性粘接性好，安全无毒。	地下工程、储水池、厕浴间、屋面的防水
PVC 防水涂料	具有弹塑性、能适应基层的一般开裂或变形	可用于屋面及地下工程、蓄水池、水沟、天沟的防腐和防水
三元乙丙橡胶防水涂料	具有高强度、高弹性、高伸长率，施工方便	可用于宾馆、办公楼、厂房、仓库、宿舍的建筑屋面和地面的防水
氯磺化聚乙烯防水涂料	涂层附着力高，耐腐蚀、耐老化	可以用于地下工程、海洋工程、石油化工、建筑屋面和地面防水
聚丙烯酸脂防水涂料	粘接性强、防水性好、伸长率高，耐老化，能适应基层的开裂变形，冷施工	广泛应用于中、高级建筑工程的各种防水工程、平面、立面均可施工
聚氯酯防水涂料	强度高，耐老化性能优异，伸长率大，粘接力强	用于建筑屋面的隔热防水工程，地下室、厕浴间的防水，也可用于彩色装饰性防水
粉状黏性防水涂料	属于刚性防水、涂层寿命长，经久耐用，不存在老化问题	适用于建筑屋面、厨房、厕浴间、坑道、隧道地下工程防水

课题 4 防水密封材料

建筑防水密封材料又称嵌缝材料，分为定形（密封条、压条）和不定形（密封膏或密封胶）两类。嵌入建筑接缝中，可以防尘、防水、隔气，具有良好的粘附性、耐老化和温度适应性，收缩而不破坏。常用建筑密封材料的性能与用途见表 1-10。

品　种	特　点	用　途
有机硅酮密封膏	具有对硅酸盐制品、金属、塑料良好的粘结性，耐水、耐热、耐低温、耐老化	适用于窗玻璃、幕镜、大型玻璃幕墙、储槽、水族箱、卫生陶瓷等接缝密封
聚硫密封膏	对金属、混凝土、玻璃、木材具有良好的粘结性。具有耐水、耐油、耐老化、化学稳定等	适用于中空玻璃、混凝土、金属结构的接缝密封，也适用于有耐油、耐试剂要求的车间、密验室的地板、墙板密封和一般建筑、土木工程的各种接缝密封
聚氨酯密封膏	对混凝土、金属、玻璃有良好的粘结性，并具有弹性、延伸性、耐疲劳性、耐候性等性能。	适用于建筑物屋面、墙板、地板、窗框、卫生间的接缝密封，也适用于混凝土结构的伸缩缝、沉降缝和高速公路、机场路道、桥梁等土木工程的嵌缝密封
丙烯酸酯密封膏	具有良好的粘结性、耐候性、一定的弹性，可在潮湿基层上施工	适用于室内墙面、地板、门窗板、卫生间的接缝、室外小位移量的建筑缝密封
氯丁橡胶密封膏	具有良好的粘结性、延伸性、耐候性、弹性	适用于室内墙面、地板、门窗框、卫生间的接缝、室外小位移的建筑密封
聚氯乙烯接缝材料	具有良好的弹塑性、延伸性、粘结性、防水性、耐腐蚀性、耐热、耐寒性、耐候性较好	适用于各种坡度的建筑屋面和有耐腐蚀要求的屋面的接缝防水，水利设施及地下管道的接缝防渗
改性沥青油膏	具有良好的塑结性、柔韧性、耐温性、可冷施工	适用于屋面板、墙板等装配式建筑构件间的接缝嵌填，以及小位移的各种建筑接缝的防水密封

复习思考题

1. 石油沥青有哪些主要技术性质？各用什么指标表示？
2. 石油沥青的组分比例改变对沥青的性质有何影响？
3. 石油沥青的牌号如何划分？牌号大小说明什么问题？
4. 沥青为什么会发生老化？如何延缓其老化？
5. 与传统的沥青防水卷材相比较，改性沥青防水卷材和合成高分子防水卷材有什么突出的优点？
6. 为满足防水要求，防水卷材应具有哪些技术性能？
7. 试述防水涂料的特点。
8. 试述常用的建筑防水密封材料的特点和用途。

单元2　屋顶构造及屋面防水工程施工

知识点：　了解屋顶类型；认识屋顶的坡度、排水方式以及排水等级；熟悉平屋顶、坡屋顶构造；掌握屋面防水施工的工艺及要求；了解屋面防水质量标准和验收的内容。

课题1　屋顶构造基本知识

1.1　屋顶的类型

屋顶是建筑物最上部的覆盖部分，具有抵御自然界各种环境因素（风、雨、雪、太阳辐射等）对建筑物的不利影响和构成建筑物的体型立面的作用。因此要求屋顶要有良好的围护作用，具有防水、保温、隔热功能和美观的形象。其中防水（主要防止雨水或雪水渗漏）是屋顶的基本功能要求，也是屋顶设计的核心。

屋顶由屋面和支承结构等组成。按照其外形一般可分为平屋顶、坡屋顶和其他屋顶。

1.1.1　平屋顶

平屋顶是指排水坡度小于5%的屋顶，常用坡度为2%～3%。采用平屋顶具有节省材料，构造简单，预制装配化程度高，屋面方便利用的优点，但也存在造型单一的缺点。平屋顶常见的形式如图2-1。

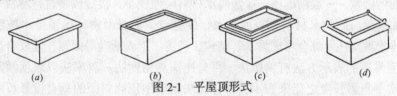

图2-1　平屋顶形式

（*a*）挑檐平屋顶；（*b*）女儿墙平屋顶；（*c*）挑檐女儿墙平屋顶；（*d*）盝顶平屋顶

1.1.2　坡屋顶

平屋顶是指屋面坡度较陡，排水坡度大于10%的屋顶。坡屋顶是我国传统的建筑屋

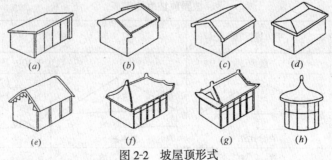

图2-2　坡屋顶形式

（*a*）单坡顶；（*b*）硬山两坡顶；（*c*）悬山两坡顶；（*d*）四坡顶；（*e*）卷棚顶；
（*f*）庑殿顶；（*g*）歇山顶；（*h*）圆攒尖顶

顶形式，在民用建筑中应用广泛，城市建设中为满足环境和建筑风格要求也常采用。坡屋顶常见的形式如图 2-2。

1.1.3 其他形式屋顶

随着建筑技术的发展，出现许多新型屋顶结构形式，如拱结构、薄壳结构、悬索结构、网架结构屋顶等。这类屋顶多应用于跨度较大的公共建筑。其他屋顶形式如图 2-3 所示。

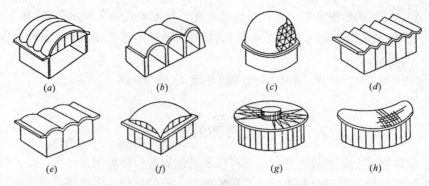

图 2-3　其他屋顶形式

(a)双曲拱屋顶；(b)砖石拱屋顶；(c)球形网壳屋顶；(d)V 形折板屋顶；(e)筒壳屋顶；
(f)扁壳屋顶；(g)车轮形悬索屋顶；(h)鞍形悬索屋顶

1.2　屋顶的排水

1.2.1　屋顶的坡度

屋顶的坡度主要是为屋面排水而设定的。因此坡度的大小需要考虑屋面防水材料和当地降雨量两方面的因素。一般情况下，屋面防水材料尺寸较小，接缝较多时，屋顶采用较大的排水坡度；如果屋面的防水材料覆盖面积大，接缝较少而且严密，屋顶排水坡度可以小一些。此外，排水坡度还要综合考虑排水、结构、经济、上人活动等因素，才能合理确定。

屋顶坡度常用的表示方法有斜率法、百分比法和角度法。斜率法以屋顶倾斜面的垂直投影长度与水平投影长度之比来表示；百分比法是以屋顶倾斜面的垂直投影长度与水平投影长度之比的百分比值来表示；角度法以屋顶倾斜面与水平面夹角的大小来表示。一般坡屋顶采用斜率法，平屋顶采用百分比法，角度法应用较少。

平、坡屋顶坡度比较表　　　　　　　　　　　　　　　　表 2-1

屋顶类型	平 屋 顶	坡 屋 顶	
常用排水坡度	<5%，一般为 2%～3%	一般大于 10%	
屋顶坡度表示方式	百分比法	斜率法	角度法
应用情况	普　遍	普　遍	较少采用
防水材料	各种卷材、涂膜或防水混凝土	小青瓦、机制平瓦、玻璃筒瓦等瓦材	

屋顶坡度的形成一般有材料找坡和结构找坡两种做法。材料找坡指屋顶坡度由垫坡材料(水泥炉渣、石灰炉渣等轻质材料)形成,一般用于坡向长度较小的屋面;结构找坡是屋顶自身带有排水坡度,如上顶面倾斜的屋架、屋面梁、山墙等上搁置屋面板形成结构找坡。

1.2.2 屋顶的排水方式

屋顶排水方式分为有组织排水和无组织排水两类。

无组织排水又称自由落水,是指屋面的雨水直接由檐口滴落至地面的排水方式。主要适用于少雨地区的低层建筑中。

有组织排水是指雨水经由天沟、雨水管等排水装置被引导至地面或地下管沟的一种排水方式。多用于高度较大或较为重要的建筑,以及年降水量较大地区的建筑。有组织排水分为外排水和内排水两种形式。

(1) 有组织外排水

外排水根据檐口做法不同可分为檐沟外排水和女儿墙外排水。檐沟外排水是根据建筑物跨度和立面造型的需要,将屋面做成单坡、双坡或四坡,相应地在单面、双面或四面设置排水檐沟。雨水从屋面排至檐沟,沟内垫出不小于 0.5% 的纵向坡度,把雨水引向雨水口,再经落水管排到地面的明沟和散水;女儿墙外排水是在女儿墙内侧设内檐沟或垫坡,雨水口穿过女儿墙,在女儿墙外面设落水管,如图2-4(a)、(b)、(c)所示。

(2) 有组织内排水

多跨房屋的中间跨、高层建筑及严寒地区(为防止室外落水管冻结堵塞)的建筑等不宜在外墙设置落水管,这时可采用内排水,雨水由屋面天沟汇集,经雨水口和室内雨水管排入排水系统。如图2-4(d)、(e)所示。

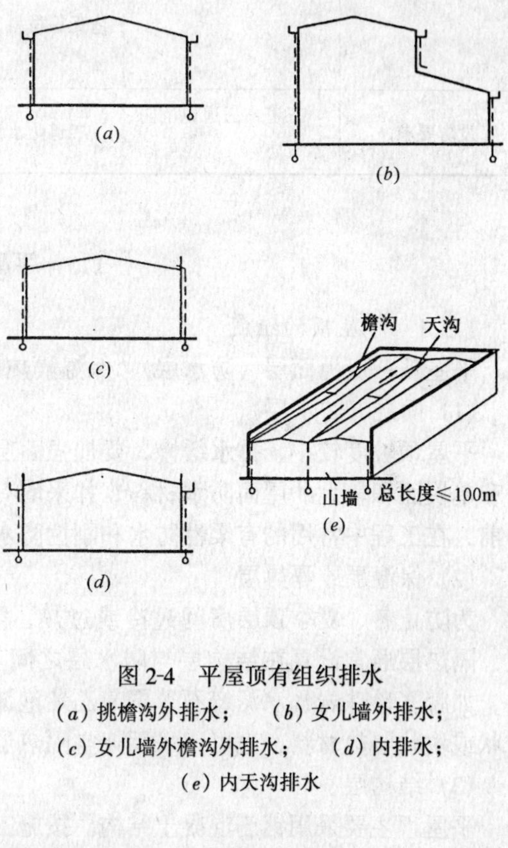

图 2-4 平屋顶有组织排水
(a) 挑檐沟外排水; (b) 女儿墙外排水;
(c) 女儿墙外檐沟外排水; (d) 内排水;
(e) 内天沟排水

1.2.3 屋面防水等级

根据建筑物的性能、重要程度、使用功能及防水层合理使用年限等要求,国家标准《屋面工程质量验收规范》GB50207—2002规定将屋面防水划分为四个等级,并规定了不同等级的设防要求。屋面防水等级和设防要求见表2-2。

屋面防水等级和设防要求 表2-2

项 目	屋面防水等级			
	Ⅰ	Ⅱ	Ⅲ	Ⅳ
建筑物类别	特别重要或对防水有特殊要求的建筑	重要的建筑和高层建筑	一般的建筑	非永久性的建筑

项　　目	屋面防水等级			
	Ⅰ	Ⅱ	Ⅲ	Ⅳ
防水层合理 使用年限	25 年	15 年	10 年	5 年
防水层 选用材料	宜选用合成高分子防水卷材、高聚物改性沥青防水卷材、金属板材、合成高分子防水涂料、细石混凝土等材料	宜选用高聚物改性沥青防水卷材、合面高分子防水卷材、金属板材、合成高分子防水涂料、高聚物改性沥青防水涂料、细石混凝土、平瓦、油毡瓦等材料	宜选用三毡四油沥青防水卷材、高聚物改性沥青防水卷材、合成高分子防水卷材、金属板材、高聚物改性沥青防水涂料、合成高分子防水涂料、细石混凝土、平瓦、油毡瓦等材料	可选用二毡三油沥青防水卷材、高聚物改性沥青防水涂料等材料
设防要求	三道或三道以上防水设防	二道防水设防	一道防水设防	一道防水设防

1.3　平屋顶构造

1.3.1　平屋顶的组成

平屋顶一般由面层（防水层）、保温隔热层、结构层和顶棚层等四部分组成。

（1）面层（防水层）

平屋顶坡度较小、排水缓慢，要加强面层的防水构造处理。平屋顶一般选用防水性能好和单块面积较大的屋面防水材料，并采取有效的接缝处理措施来增强屋面的抗渗能力。目前，在工程中常用的有柔性防水和刚性防水两种形式。

（2）保温层或隔热层

为防止冬、夏季顶层房间过冷或过热，需在屋顶构造中设置保温层或隔热层。保温层、隔热层通常设置在结构层与防水层之间。常用的保温材料有无机粒状材料和块状制品，如膨胀珍珠岩、水泥蛭石、聚苯乙烯泡沫塑料板等。隔热层的做法较多，既可以采用粒状或块状隔热材料，也可以采用架空隔热层来实现屋顶隔热的目的。

（3）结构层

平屋顶主要采用钢筋混凝土结构。按施工方法不同，有现浇钢筋混凝土结构、预制装配式混凝土结构和装配整体式钢筋混凝土结构三种形式。

（4）顶棚层

顶棚层有直接抹灰顶棚和吊顶棚两类。

1.3.2　平屋顶的防水构造

平屋顶按照屋面防水层的不同有卷材防水、刚性防水、涂膜防水及粉剂防水屋面等多种做法。

（1）卷材防水屋面

卷材防水屋面是指采用粘结胶粘贴卷材或采用带底面粘结胶的卷材进行热熔或冷粘贴于

屋面基层进行防水的屋面,其典型构造层次如图 2-5 所示,具体构造层次,根据设计要求而定。

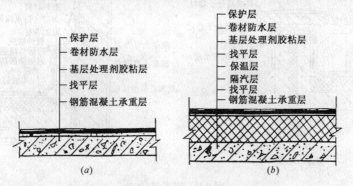

图 2-5　卷材防水屋面构造层次示意图

（a）不保温卷材屋面；（b）保温卷材屋面

卷材屋面节点部位的防水施工十分重要，既要保证质量，又要施工方便。一般节点构造做法如图 2-6 ~ 图 2-9 所示。

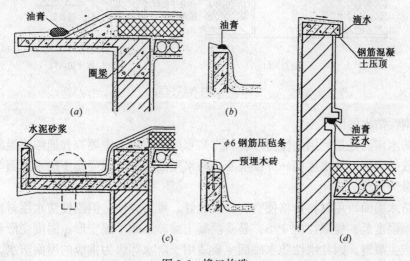

图 2-6　檐口构造

（a）无组织排水挑檐；（b）有组织排水挑檐沟；

（c）挑檐沟卷材收头固定，通常可用压钉等方法；（d）女儿墙檐口

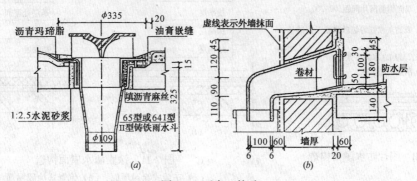

图 2-7　雨水口构造

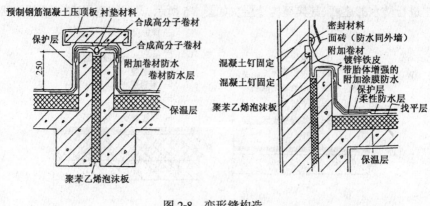

图 2-8　变形缝构造

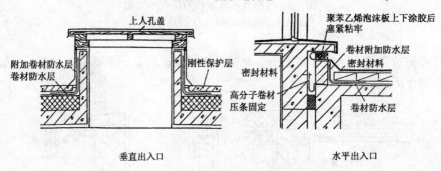

图 2-9　出入口构造

（2）刚性防水屋面

刚性防水屋面是指利用刚性防水材料作防水层的屋面。主要有普通细石混凝土防水屋面、补偿收缩混凝土防水屋面、纤维混凝土防水屋面、预应力混凝土防水屋面等。尤以前两者应用最为广泛。

刚性防水屋面所用材料价格便宜、耐久性好、维修方便，但刚性防水层材料的表现密度大，抗拉强度低，极限拉应变小，易受混凝土或砂浆的干湿变形、温度变形和结构变形的影响而产生裂缝。因此刚性防水屋面主要适用于防水等级为Ⅲ级的屋面防水，也可用作

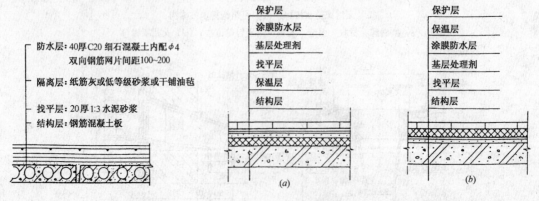

图 2-10　刚性防水屋面构造

图 2-11　涂膜防水屋面构造
（a）正置式涂膜屋面；（b）倒置式涂膜屋面

Ⅰ、Ⅱ级屋面多道防水设防中的一道防水层；不适用于设有松散保温层的屋面、大跨度和轻型屋盖的屋面，以及受振动或冲击的建筑屋面。而且刚性防水层的节点部位应与柔性材料复合使用，才能保证防水的可靠性。

刚性防水屋面的一般构造形式如图 2-10 所示。

（3）涂膜防水屋面

涂膜防水屋面是在屋面基层上涂刷防水涂料，经固化后形成一层有一定厚度和弹性的整体涂膜，从而达到防水目的一种防水屋面形式。涂膜防水屋面的典型构造层次如图 2-11 所示。具体施工有哪些层次，应根据设计要求确定。

1.4 坡屋顶构造

1.4.1 坡屋顶的组成

坡屋顶由承重结构、屋面和顶棚组成，根据使用要求不同，有时还需增设保温层或隔热层等。

（1）承重结构

承重结构主要承受作用在屋面上的各种荷载，并把它们传到墙或柱上。坡屋顶的承重结构一般由椽条、檩条、屋架或大梁等组成。

（2）屋面

屋面是屋顶的上覆盖层、直接承受风、雨、雪和太阳辐射等大自然的作用。它包括屋面覆盖材料和基层材料，如挂瓦条、屋面板等。

（3）顶棚

顶棚是屋顶下面的遮盖部分，可使室内上部平整，起反射光线和装饰作用。

（4）保温层或隔热层

保温层或隔热层可设在屋面层或顶棚处。

1.4.2 坡屋顶的防水构造

根据坡屋顶屋面防水层材料的不同，可将坡屋顶屋面划分为：平瓦屋面、小青瓦屋面、波形瓦屋面、金属板材屋面以及构件自防水屋面等。

（1）平瓦屋面

平瓦即黏土瓦，又称机制平瓦，是用黏土焙烧而成。一般尺寸为长 400mm，宽 230mm，厚 50mm（净厚约为 20mm）。为防止下滑，瓦背面设有挂勾，可以挂在挂瓦条上。

（2）波形瓦屋面

波形瓦可用石棉水泥、塑料、玻璃钢和金属等材料制成，其中以石棉水泥形瓦应用最多。石棉水泥瓦屋面具有重量轻、构造简单、施工方便、造价低廉等优点，但易脆裂、保温隔热性能较差，多用于室内要求不高的建筑。

（3）金属板材屋面

金属板材屋面是指采用金属板材作为屋盖材料，将结构层和防水层合二为一的屋盖形式。金属板材的种类很多，有锌板、镀铝锌板、铝合金板、铝镁合金板、钛合金板、铜板、不锈钢板等。厚度一般为 0.4～1.5mm，板的表面一般进行涂装处理。由于材质及涂层质量的不同，有的板寿命可达 50 年以上。板的制作形状有多种多样，有的为复合板，即将保温层复合在两层金属板材之间，也有的为单板。

课题 2 卷材防水屋面施工

用胶结材料粘贴卷材防止雨水、雪水等对屋面间歇性渗透作用称为卷材屋面防水。这种防水可适用于防水等级为Ⅰ～Ⅳ级的屋面防水。

卷材防水屋面属于柔性防水屋面，它具有自重轻、柔韧性好、防水性能好的优点，同时也存在造价较高、易于老化、施工复杂、周期长、修补困难等缺点。

2.1 常 用 材 料

屋面防水工程常用的防水卷材有沥青防水卷材、高聚物改性沥青防水卷材和合成高分子卷材。高聚物改性沥青防水卷材提高了防水材料的强度、延伸率和耐老化性能，正在取代传统的沥青卷材。新型的合成高分子卷材具有单层防水、冷施工、重量轻、污染小、对基层适应性强等特点，使发展和推广使用的防水卷材。

一般要求屋面防水施工使用的防水卷材应具备如下特性：水密性好，即具有一定的抗渗能力，吸水率低；大气稳定性好，即在阳光作用下抗老化性能持久；温度稳定性好，高温下不会流淌变形，低温不脆断，在一定温度条件下，保持性能良好；能承受施工及变形条件下产生的荷载，具有一定强度和伸长率；便于施工，工艺简便；对人身和环境无污染。

2.1.1 常用防水卷材特点及其适用范围（见表 2-3）

沥青防水卷材的特点及适用范围　　　　　　　　　表 2-3

卷材名称	特　点	适用范围	施工工艺
石油沥青纸胎油毡	是我国传统的防水材料，目前在屋面工程中仍占主导地位，其低温柔性差，防水层耐用年限较短，但价格较低	三毡四油、二毡三油叠层铺设的屋面工程	热玛琦脂，冷玛琦脂粘贴施工
玻璃布沥青油毡	抗拉强度高，胎体不易腐烂，材料柔韧性好，耐久性比纸胎油毡提高1倍以上	多用作纸胎油毡的增强附加层和突出部位的防水层	热玛琦脂，冷玛琦脂粘贴施工
玻纤毡沥青油毡	有良好的耐水性，耐腐蚀性和耐久性，柔韧性也优于纸胎沥青油毡	常用作屋面或地下防水工程	热玛琦脂，冷玛琦脂粘贴施工
黄麻胎沥青油毡	抗拉强度高，耐水性好，但胎体材料易腐烂	常用作屋面增强附加层	热玛琦脂，冷玛琦脂粘贴施工
铝箔胎沥青油毡	有很高的阻隔蒸汽的渗透能力、防水功能好，且具有一定的抗拉强度	与带孔玻纤毡配合或单独使用，宜用于隔冷层	热玛琦脂粘贴

此类防水卷材按厚度可分 2、3、4、5mm 等规格，一般为单层铺设，也可复合使用，根据不同卷材可采用热熔法、冷粘法和自粘法施工。

常用高聚物改性沥青防水卷材的特点和适用范围见表 2-4，常用合成高分子防水卷材的特点和适用范围见表2-5。

常用高聚物改性沥青防水卷材的特点和适用范围　　　　　　　　表2-4

卷材名称	特　　点	适用范围	施工工艺
SBS 改性沥青防水卷材	耐高、低温性能有明显提高，卷材的弹性和耐疲劳性明显改善	单层铺设的屋面防水工程或复合使用，适合于寒冷地区和结构变形频繁的建筑	冷施工铺贴或热熔铺贴
APP 改性沥青防水卷材	具有良好的强度、延伸性、耐热性、耐紫外线照射及耐老化性	单层铺设，适合于紫外线辐射强烈及炎热地区屋面使用	热熔法或冷粘法铺设
PVC 改性焦油防水卷材	有良好的耐热及耐低温性能，最低开卷温度为 – 18℃	有利于在冬期施工	可热作业亦可冷施工
再生胶改性沥青防水卷材	有一定的延伸性，且低温柔性较好，有一定的防腐蚀能力，价格低廉，属低档防水卷材	变形较大或档次较低的防水工程	热沥青粘贴
废橡胶粉改性沥青防水卷材	比普遍石油沥青纸胎油毡的抗拉强度、低温柔性均明显改善	叠层使用于一般屋面防水工程，宜在寒冷地区使用	热沥青粘贴

常用合成高分子也水卷材特点和适用范围　　　　　　　　表2-5

卷材名称	特　　点	适用范围	施工工艺
三元乙丙橡胶防水卷材	防水性能优异，耐候性好，耐臭氧性、耐化学腐蚀性、弹性和抗拉强度大，对基层变形开裂的适用性强，重量轻，使用温度范围宽，寿命长，但价格高，粘结材料尚需配套完善	防水要求较高、防水层耐用年限要求长的工业与民用建筑，单层或复合作用	冷粘法和自粘法
丁基橡胶防水卷材	有较好的耐候性、耐油性、抗拉强度和延伸率，耐低温性能稍低于三元乙丙防水卷材	单层或复合使用于要求较高的防水工程	冷粘法法施工
氯化聚乙烯防水卷材	具有良好的耐候、耐臭氧、耐热老化、耐油、耐化学腐蚀及抗撕裂的性能	单层或复合使用宜用于紫外线强的炎热地区	冷粘法施工
氯磺化烯防水卷材	延伸经较大、弹性较好，对基层变形开裂的适应性较强，耐高、低温性能好，耐腐蚀性能优良，有很好的难燃性	适合于有腐蚀介质影响及在寒冷地区的防水工程	冷粘法施工
聚氯乙烯防水卷材	具有较高的拉伸和撕裂强度，延伸率较大，耐老化性能好，原材料丰富，价格便宜容易粘结	单层或复合使用于外露或有保护层的防水工程	冷粘法或热风焊接法施工

卷材名称	特　　点	适用范围	施工工艺
氯化聚乙烯-橡胶共混防水卷材	不但具有氯化聚乙烯特有的高强度和优异的耐臭氧、耐老化性能，而且具有橡胶所特有的高弹性、高延伸性以及良好的低温柔性	单层或复使用，尤宜用于寒冷地区戒变形较大的防水工程	冷粘法施工
三元乙丙橡胶-聚乙烯共混防水卷材	是热塑性弹性材料，有良好的耐臭氧和耐老化性能，使用寿命长，低温柔性好，可在负温条件下施工	单层或复合外露防水层面，宜在寒冷地区使用	冷粘法施工

2.1.2　基层处理剂

基层处理剂是为了增强防水材料与基层之间的粘结力，在防水层施工前，预先涂刷在基层上的稀质涂料。常用的基层处理剂有冷底子油及高聚物改性沥青卷材和合成高分子卷材配套的底胶，它与卷材的材性应相容，以免与卷材发生腐蚀或粘结不良。

（1）冷底子油

屋面工程采用的冷底子油是 10 号或 30 号石油沥青溶解于柴油、汽油、二甲苯或甲苯等溶剂中而制成的溶液。可用于涂刷在水泥砂浆、混凝土基层或金属配件的基层上作基层处理剂，它可使基层表面与卷材沥青胶结料之间形成一层胶质薄膜，以此来提高其胶结性能。

（2）卷材基层处理剂

用于高聚物改性沥青和合成高分子卷材的基层处理，一般采用合成高分子材料进行改性，基本上由卷材生产厂家配套供应。部分卷材的配套基层处理剂见表 2-6。

卷材与配套的卷材基层处理剂 表 2-6

卷　材　种　类	基　层　处　理　剂
高聚物改性沥青卷材	改性沥青溶液、冷底子油
三元乙丙丁基橡胶卷材	聚氨酯底胶甲：乙：二甲苯 = 1:1.5:1.5～3
氯化聚乙烯-橡胶共混卷材	氯丁胶 BX-12 胶粘剂
增强氯化聚乙烯卷材	3 号胶：稀释剂 = 1:0.05
氯磺化聚乙烯卷材	氯丁胶沥青乳液

2.1.3　胶粘剂

（1）沥青胶结材料

配制石油沥青胶结材料，一般采用两种或三种牌号的沥青按一定配合比熔合，经熬制脱水后，掺入适当品种和数量的填充料，配制成沥青胶结材料。

（2）合成高分子卷材胶粘剂

用于粘贴卷材的胶粘剂可分为卷材与基层粘贴剂及卷材与卷材搭接的胶粘剂。胶粘剂均由卷材生产厂家配套供应，常用合成高分子卷材配套胶粘剂参见表 2-7。

部分合成高分子卷材的胶粘剂 表 2-7

卷材名称	基层与卷材胶粘剂	卷材与卷材胶粘剂	表面保护层涂料
三元乙丙-丁基橡胶卷材	CX-404	丁基粘结剂 A、B 组分（1:1）	水乳型醋酸乙烯-丙烯酸酯共聚、油溶型乙丙橡胶和甲苯溶液
氯化聚乙烯卷材	BX-12 胶粘剂	BX-12 组分胶粘剂	水孔型醋酸乙烯-丙烯酸酯共混、油溶型乙丙橡胶和甲苯溶液
LYX-603 氯化聚乙烯卷材	LYX-603-3（3 号胶）甲、乙组分	LYX-603-2（2 号胶）	LYX-603-1（1 号胶）
聚氯乙烯卷材	FL-5 型（5～15℃时使用）FL-15 型（15～40℃时使用）		

2.1.4　防水卷材及胶粘剂的进场检验、储运、保管

（1）贮运保管

不同品种、标号、规格和等级的产品应分别堆放。

防水卷材及配套的胶粘剂、基层处理剂、密封胶带应贮存在阴凉通风的室内，避免雨淋、日晒和受潮，严禁接近火源和热源，避免与化学介质及有机溶剂等有害物质接触。胶粘剂、基层处理剂应用密封桶包装，沥青卷材贮存环境温度不得高于 45℃。

卷材宜直应堆放，其高度不宜超过两层，并不得倾斜或横压，短运输平放不得超过 4 层。

（2）进场检验

材料进场后要对卷按规定取样复验，同一品种、牌号和规格的卷材、抽验数量为：大于 1000 卷抽取 5 卷；每 500～1000 卷抽 4 卷；100～499 卷抽 3 卷；100 卷以下抽 2 卷。将抽验的卷材开卷进行规格和外观质量检验。在外观质量检验合格的卷材中，任取 1 卷作物理性能检验，全部指标达到标准规定时，即为合格。其中如有 1 项指标达不到要求，应在受检产品中加倍取样复验，全部达到标准规定为合格。复验时有 1 项不合格，则判定该产品不合格。不合格的防水材料严禁在建筑工程中使用。

（3）检验项目

卷材及胶粘剂的检验项目见表 2-8。

卷材及胶粘剂检验项目 表 2-8

序　号	材料品种	检　验　项　目
1	合成高分子卷材	断裂拉伸强度、扯断伸长率、低温弯析、不透水性
2	改性沥青卷材	拉力、最大拉力时延伸率、耐热度、低温柔度、不透水性
3	沥青卷材	纵向拉力、耐热度、柔度、不透水性
4	金属卷材	拉伸强度、扯断伸长率
5	膨润土防水毯	表观密度、膨润度、透水系数

序 号	材 料 品 种	检 验 项 目
6	合成高分子胶粘剂	粘结剥离强度、浸水后粘结剥离强度保持率
7	改性沥青粘结剂	粘结剥离强度
8	胶粘带	粘结剥离强度、耐热度、低温柔性、耐水性

高聚物改性沥青防水卷材外观质量、规格和物理性能应符合表 2-9、表 2-10 和表 2-11 的要求。

高聚物改性沥青卷材的外观质量要求　　　　　　　表 2-9

项 目	外 观 质 量 要 求
孔洞、缺边、裂口	不允许
边缘不整齐	不超过 10mm
胎体露白、未浸透	不允许
撒布材料粒度、颜色	均匀
每卷卷材的接头	不超过 1 处，较短的一段不应小于 1000mm，接头处应加长 150mm

高聚物改性沥青卷材规格　　　　　　　表 2-10

厚度（mm）	宽度（mm）	每卷长度（m）
2.0	≥1000	15.0～20.0
3.0	≥1000	10.0
4.0	≥1000	7.5
5.0	≥1000	5.0

高聚物改性沥青卷材的物理性能　　　　　　　表 2-11

项 目		性 能 要 求		
		聚酯毡胎体	玻纤胎体	聚乙烯胎体
拉力（N/50mm）		≥450	纵向≥350，横向≥250	≥100
延伸率（%）		最大拉力时，≥30	—	断裂时≥200
耐热度（℃，2h）		SBS 卷材 90，APP 卷材 110，无滑动、流淌、滴落		PEE 卷材 90，无流淌、起泡
低温柔度（℃）		SBS 卷材 -18，APP 卷材 -5，PEE 卷材 -10 3mm 厚 $r=15$mm；4mm 厚 $r=25$mm；3s 弯 180°，无裂纹		
不透水性	压力（MPa）	≥0.3	≥0.2	≥0.3
	保持时间（min）	≥0.3		

注：SBS——弹性体改性沥青卷材；APP——塑性体改性沥青防水卷材；PEE——改性沥青聚乙烯胎防水卷材。

合成高分子防水卷材的外观质量、规格和物理性能应符合表2-12、表2-13、表2-14的要求。

合成高分子卷材的外观质量要求 表2-12

项　目	外观质量要求
折　痕	每卷不超过2处，总长度不超过20mm
杂　质	大于0.5mm颗粒不允许，每1m²不超过9mm²
胶　块	每卷不超过6处，每处面积不大于4mm²
凹　痕	每卷不超过6处，深度不超过本身厚度30%；树脂类深度不超过15%
每卷卷材的接头	橡胶类每20m不超过1处，较短的一段不应小于3000mm，接头处应加长150mm；树脂类20m长度内不允许有接头

合成高分子卷材规格 表2-13

厚度（mm）	宽度（mm）	每卷长度（m）
1.0	≥1000	20.0
1.2	≥1000	20.0
1.5	≥1000	20.0
2.0	≥1000	10.0

合成高分子卷材的物理性能 表2-14

项　目		性能要求			
		硫化橡胶类	非硫化橡胶类	树脂类	纤维增强类
断裂拉伸强度（MPa）		≥6	≥3	≥10	≥9
扯断伸长率（%）		≥400	≥200	≥200	≥10
低温弯折（℃）		−30	−20	−20	−20
不透水性	压力（MPa）	≥0.3	≥0.2	≥0.3	≥0.3
	保持时间（min）	≥30			
加热收缩率（%）		<1.2	<2.0	<2.0	<1.0
热老化保持率〔(80±2)℃，168h〕	断裂拉伸强度	≥80%			
	扯断伸长率	≥70%			

2.2 卷材防水屋面施工

2.2.1 基层施工

现浇钢筋混凝土屋面板宜连续浇捣，不留施工缝，振捣密实，表面平整。当采用结构找坡施工方案时，板面符合排水坡度规定；预制板要求安放平稳牢固，板缝应嵌填密实，结构层要求表面清理干净，板面应刷冷底子油一道或铺设一毡二油卷材作为隔汽层，以防止室内水汽进入保温层。

2.2.2 保温层施工

保温层采用松散保温材料时应分层铺设，适当压实，且压实后厚度应达到设计规定，压实后不得在上面行车或堆放重物。整体保温材料要求表面平整，具有一定强度。

2.2.3 找平层施工

找平层为基层（或保温层）与防水层之间的过渡层，一般用 1:3 水泥砂浆或 1:8 沥青砂浆。找平层厚度取决于结构基层的种类，水泥砂浆一般分 5～30mm，沥青浆为 15～25mm。找平层质量好坏直接影响到防水层的铺贴质量。要求找平层表面平整，无松动、起壳和开裂现象，与基层粘结牢固，坡度应符合设计要求，一般檐沟纵向坡度不应小于 1%，水落口周围直径 500mm 范围内坡度不应小于 5%。两个面相接处均应做成半径不小于 100～150mm 的圆弧或斜面长度为 100～150mm 的钝角。找平层宜设分格缝，缝宽为 20mm，分格缝宜留设在预制板支承边的拼缝处，缝间距为：采用水泥砂浆或细石混凝土时，不宜大于 6m；采用沥青砂浆时，不宜大于 4m。分格缝应嵌填密封材料，同时分格缝应附加 200～300mm 宽的卷材。

2.2.4 卷材防水层施工

（1）卷材铺贴一般方法及要求

卷材防水层施工的一般工艺流程如图 2-12 所示：

1）铺贴方向

卷材的铺贴方向应根据屋面坡度和屋面是否有振动来确定。当屋面坡度小于 3% 时，卷材宜平行于屋脊铺贴；屋面坡度在 3%～15% 时，卷材宜平行于屋脊铺贴。屋面坡度在 3%～15% 时，卷材可平行或垂直于屋脊铺贴；屋面坡度大于 15% 或受振动时，沥青卷材、高聚物改性沥青卷材应垂直于屋脊铺贴，合成高分子卷材可根据屋面坡度、屋面有否受振动、防水层的粘结方式、粘结强度、是否机械固定等因素综合考虑采用平行或垂直屋脊铺贴。上下层卷材不得相互垂直铺贴。屋面坡度大于 25% 时，卷材宜垂直屋脊方向铺贴，并应采取固定措施，固定点还应密封。

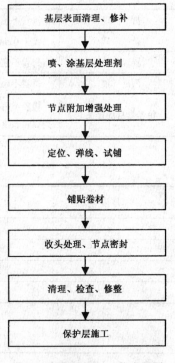

图 2-12　卷材施工工艺流程图

2）施工顺序

防水层施工时，应先做好节点、附加层和屋面排水比较集中部位（如屋面与水落口连接处，檐口、天沟、檐沟、屋面转角处、板端缝等）的处理，然后由屋面最低标高处向上施工。铺贴天沟、檐沟卷材时，宜顺天沟、檐口方向，减少搭接。

铺贴多跨和有高低的屋面时，应按先高后低、先远后近的顺序进行。

大面积屋面施工时，为提高工效和加强管理，可根据面积大小、屋面形状、施工工艺顺序、人员数量等因素划分流水施工段。施工段的界线宜设在屋脊、天沟、变形缝等处。

3）搭接方法及宽度要求

铺贴卷材应采用搭接法，上下层及相邻两幅卷材的搭接缝应错开。平行于屋脊的搭接缝应顺流水方向搭接；垂直于屋脊的搭接缝应顺年最大频率风向（主导风向）搭接。

叠层铺设的各层卷材，在天沟与屋面的连接处应采用叉接搭接，搭接缝应错开；接缝宜留在屋面或天沟侧面，不宜留在沟底。

坡度超过 25%的拱形屋面和天窗下的坡面上，应尽量避免短边搭接，如必须短边搭接时，在搭接处应采取防止卷材下滑的措施。如预留凹槽，卷材嵌入凹槽并且压条固定密封。

高聚物改性沥青卷材和合成高分子卷材的搭接缝宜用与它材性相容的密封材料封严。各种卷材的搭接宽度应符合表 2-15 的要求。

卷材搭接宽度　　　　表 2-15

搭接方向		短边搭接宽度（mm）		长边搭接宽度（mm）	
铺贴方法 卷材种类		满粘法	空铺、点粘、条粘法	满粘法	空铺、点粘、条粘法
沥青防水卷材		100	150	70	100
高聚物改性沥青防水卷材		80	100	80	100
合成高分子 防水卷材	胶粘剂	80	100	80	100
	胶粘带	50	60	50	60
	单焊缝	60，有效焊接宽度不小于 25			
	双焊缝	80，有效焊接宽度 10×2＋空腔宽			

4）卷材与基层的粘贴方法

卷材与基层的粘结方法可分为满粘法、条粘法、点粘法和空铺法等形式。通常都采用满粘法，而条粘、点粘和空铺法更适合于防水层上有重物覆盖或基层变形较大的场合，是一种克服基层弯形拉裂卷材防水层的有效措施，在施工时应按照设计规定，选择适合的工艺方法。

空铺法：铺贴卷材防水层时，卷材与基层仅在四周一定宽度内粘结，其余部分采取不粘结的施工方法；条粘法：铺贴卷材时，卷材与基层粘结面不少于两条，每条宽度不小于150mm；点粘法：铺贴卷材时，卷材或打孔卷材与基层采用点状粘结的施工方法。每平方米粘结不少于 5 点，每点面积为 100mm×100mm。

无论采用空铺、条粘还是点粘法，施工时必须注意：距屋面周边 800mm 内的防水层应满粘，保证防水层四周与基层粘结牢固；卷材与卷材之间应满粘，保证搭接严密。

（2）高聚物改性沥青卷材防水施工

依据高聚物改性沥青防水卷材的特性，其施工方法有冷粘法、热熔法和自粘法之分。在立面或大坡面铺贴高聚物改性沥青卷材时，应采用满粘法，并宜减少短边搭接。

1）冷粘法施工

冷粘法施工是利用毛刷将胶粘涂刷在基层或卷材上，然后直接铺贴卷材，使卷材与基层、卷材与卷材粘结的方法。施工时，胶粘剂涂刷应均匀、不露底、不堆积。空铺法、条粘法、点粘法应按规定的位置与面积涂刷胶粘剂。铺贴卷材时应平整顺直，搭接尺寸准确，接缝应满涂胶粘剂，辊压粘结牢固，不得扭曲，破折溢出的胶粘剂随即刮平封口；也可采用热熔法接缝。接缝口应用密封材料封严，宽度不应小于 10mm。

2）热熔法施工

热熔法施工是指利用火焰加热器熔化热熔型防水卷材底层的热熔胶进行粘贴的方法。

施工时，在卷材表面热熔后（以卷材表面熔融至光亮黑色为度）应立即滚铺卷材，使之平展，并辊压粘结牢固。搭接缝处必须以溢出热的改性沥青胶为度，并应随即刮封接口。加热卷材时应均匀，不得过分的热或烧穿卷材。

3）自粘法施工

自粘法施工是指采用带有自粘胶的防水卷材，不用热施工，也不需涂胶结材料，而进行粘结的方法。铺贴前，基层表面应均匀涂刷基层处理剂，待干燥后及时铺贴卷材。铺贴时，应先将自粘胶底面隔离纸完全撕净，排除卷材下面的空气，并辊压粘结牢固，不得空鼓。搭接部位必须采用热风焊枪加热后随即牢固，溢出的自粘胶随刮平封口。接缝口用不小于10mm宽的密封材料封严。对厚度小于3mm的高聚物改性沥青防水卷材，严禁采用热熔法施工。

（3）合成高分子卷材防水施工

合成高分子卷材的主要品种有：三元乙丙橡胶防水卷材、氯化聚乙烯–橡胶共混防水卷材、氯化聚乙烯防水卷材和聚氯乙烯防水卷材等。其施工工艺流程与前相同。

施工方法一般有冷粘法、自粘法和热风焊接法三种。

冷粘法、自粘法施工要求与高聚物改性沥青防水卷材基本相同，但冷粘法施工时搭接部位应用与卷材配套的接缝专用胶粘剂，在搭接缝粘合面上涂刷均匀，并控制涂刷与粘合的间隔时间，排除空气，辊压粘结牢固。

热风焊接法是利用热空气焊枪进行防水卷材搭接粘合的方法。焊接前卷材铺放应平整顺直，搭接尺寸正确；施工时焊接缝的结合面应清扫干净，应无水滴、油污及附着物。先焊长边搭接缝，后焊短边搭接缝，焊接处不得有漏焊、缺焊、焊焦或焊接不牢的现象，也不得损害非焊接部位的卷材。

2.2.5 保护层施工

为了减少阳光辐射对沥青老化的影响，降低沥青表面的温度，防止暴雨和冰雪对防水层的侵蚀，在防水层表面增设绿豆砂和板块保护层。

（1）绿豆砂保护层施工

油毡防水层铺设完毕后并经检查合格后，应立即进行绿豆砂保护层施工，以免油毡表面遭受破坏。施工时，应选用色浅，耐风化、清洁、干燥、粒径为3~5mm的绿豆砂，加热至100℃左右后均匀撒铺在涂刷过2~3mm厚的沥青胶结材料的油毡防水层上，并使其砂的1/2粒径嵌入到表面沥青胶中。未粘结的绿豆砂应随时清扫干净。

（2）预制板块保护层施工

预制板块保护层的结合层宜采用砂或水泥砂浆。当采用砂结合层时，铺砌块体前应将砂洒水压实刮平；块体应对接铺砌，缝隙宽度为10mm左右，板缝用1:2水泥砂浆勾成凹缝；为防止砂子流失，保护层四周50mm范围内，应改用低强度等级水泥砂浆做结合层。若采用水泥砂浆做结合层时，应先在防水层上做隔离层，隔离层可用单层油毡空铺，搭接边宽度不小于70mm，块体预先湿润后再铺砌，铺砌可用铺灰法或摆浆法。块体保护层每100m² 以内应留设分格缝、缝宽20mm，缝内嵌填密封材料，可避免因热胀冷缩造成板块拱起或板缝开裂。

采用水泥砂浆作结合层时，应先在防水层上做隔离层。预制块体应先浸水并阴干。如板块尺寸较大，先在隔离层上将水泥砂浆铺开，然后摆放预制块体；如板块尺寸较小，可将水泥砂浆刮在预制板块的粘结面上再进行铺摆。每块预制块体铺摆完后应立即挤压密实、平整，铺砌应在水泥砂浆凝结前完成，块体间预留10mm的缝隙，铺砌1~2天后用

1:2水泥砂浆勾成凹缝。

为防止因热胀冷缩而造成板块拱起或板缝开裂过大，块体保护层每100m² 以内应留设分格缝，缝宽20m²，缝内嵌填密封材料。

（3）浅色、反射涂料保护层施工

浅色、反射涂料应等防水层养护完毕后进行，一般卷材防水层应养护2天以上。涂刷前，应清除防水层表面的浮灰，浮灰用柔软、干净的棉布、扫帚擦扫干净。涂刷应均匀，第二遍涂刷的方向应与第一遍垂直。

2.2.6 重点保护部位的防水层施工

铺贴卷材防水屋面时，檐口、女儿墙、檐沟、天沟、斜沟、变形缝、天窗壁、板缝、泛水和雨水管等处均为重点防水部位，均需铺贴附加卷材，作到粘结严密，然后由低标高处往上进行铺贴、压实、表面平整，每铺完一层立即检查，发现有皱纹、开裂、粘贴不牢不实，起泡等缺陷，应立即割开，浇油灌严实，并加贴一块卷材盖住。

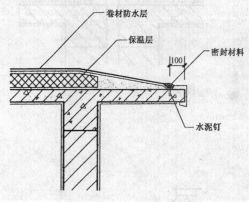

图 2-13　混凝土檐口做法

屋面与突出屋面结构的连接处，卷材贴在立面上的高度不宜小于250mm，一般用叉接法与屋面卷材相连接；每幅油毡贴好后，应立即将油毡上端固定在墙上。如有铁皮泛水覆盖时，泛水与油毡的上端应用钉子钉牢在墙内的预埋木砖上。在无保温层装配式屋面上，沿屋架、支承梁和支承墙上的屋面板端缝上，应先点贴一层宽度为200～300mm的附加卷材，然后再铺贴油毡，以避免结构变形油毡防水层拉裂。

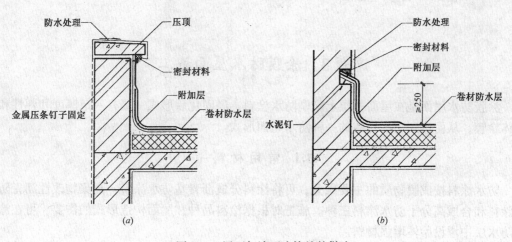

(a)　　　　　　　　　　　*(b)*

图 2-14　屋面与墙面连接处的做法

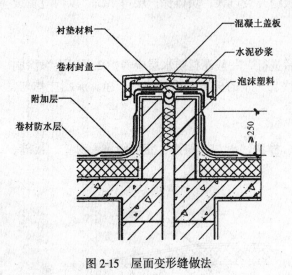

檐口、女儿墙、变形缝、天沟、天窗壁以及板缝等应按图2-13、图2-14、图2-15、图2-16、图2-17、图2-18所示节点做法仔细铺好，封严贴实，并加铺1～2层附加层加强。

衬垫材料
卷材封盖
附加层
卷材防水层
混凝土盖板
水泥砂浆
泡沫塑料
≥250

图2-15 屋面变形缝做法

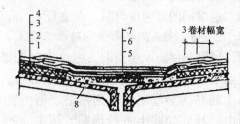

3卷材幅宽

图2-16 天沟做法

1—屋面板；2—保温层；3—找平层；4—卷材防水层 5—预制薄板；6—天沟卷材附加层；7—天沟卷材防水层；8—天沟部分轻质混凝土

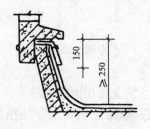

150
≥250

图2-17 天窗下壁做法

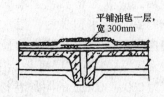

平铺油毡一层，宽300mm

图2-18 横向板缝做法

课题3 涂膜防水屋面施工

涂膜防水屋面是在屋面基层上涂刷防水涂料，经固化后形成一层有一定厚度和弹性和整体涂膜，从而达到防水目的的一种防水屋面形式。

3.1 常用材料

防水涂料按成膜物质的主要成分，可将涂料分成沥青基防水涂料、高聚物改性沥青防水涂料和合成高分子防水涂料三种。施工时根据涂料品种和屋面构造形式的需要，可在涂膜防水层中增设胎体增强材料。

3.1.1 防水涂料及涂膜防水层基本要求

涂料是靠其中的固体成分形成涂膜的，由于各种防水涂料所含固体的密度相差并不太大，当单位面积用量相同时，涂膜的厚度取决于固体含量的大小，固体含量是涂膜质量的保证；优良的防水能力；耐久性好，在阳光紫外线、臭氧、大气中酸碱介质长期作用下保持长久的防水性能；温度敏感性低，高温条件下不流淌、不变形、低温状态时能保持足够的延伸率，不发生脆断；具有一定的强度和延伸率，在施工荷载作用下或结构和基层变形时不破坏、不断裂；工艺简单、施工方法简便、易于操作和工程质量控制；对环境污染少。

3.1.2 沥青基防水涂料

沥青基防水涂料是以沥青为基料配制而成的水乳型或溶剂型防水涂料。常见的有石灰乳化沥青涂料、膨润土乳化沥青涂料和石棉乳化沥青涂料。

3.1.3 高聚物改性沥青防水涂料

高聚物改性沥青防水涂料是以沥青为基料，用合成高分子聚合物进行改性配制而成的水乳型、溶剂型或热熔型防水涂料。常用的品种有氯丁橡效改性沥青涂料、丁基橡胶改性沥青涂料、丁苯橡胶改性沥青涂料、SBS 改性沥青涂料和 APP 改性沥青涂料等。

与沥青基防水涂料相比，高聚物改性沥青防水涂料在柔韧性、抗裂性、强度、耐高低温性能、使用寿命等方面都有较大的改善。

热熔改性沥青涂料，是将沥青、改性剂、各类助剂和填料，在工厂事先进行合成，制成高聚物改性沥青涂料物体。送至现场进行熔化，将熔化的热涂料直接刮涂于找平层上一次成膜设计需要的厚度。热熔改性沥青涂料不但防水性能好，耐老化好，价格低，而且在南方多雨地区施工更便利，它不需要养护、干燥时间，涂料冷却后就可以膜，具有设计要求的防水能力。同时能在气温 10℃ 以内的低温条件下施工，这也大大降低了施工对环境的条件要求，该涂料是一种弹塑性材料，在粘附于基层的同时，可追随基层变形而延展，避免了受基开裂影响而破坏防水层现象，具有良好的抗变形能力，成膜后形成连续无接缝的防水层，防水质量的可靠性大大提高。

3.1.4 合成高分子防水涂料

合成高子分防水涂料是以合成橡胶或合成树脂为主要成膜物质配制而成的水乳型或溶剂型防水涂料。根据成膜机理分为反应固化型、挥发固化型和聚合物水泥防水涂料三类。常用的品种有丙烯酸防水涂料、聚氨酯防水涂料、硅橡胶防水涂料、聚合物水泥防水涂料等。

由于合成高分子材料本身的优异性能，以此为原料制成的合成高分子防水涂料有较高的强度和延伸率，优良的柔韧性、耐高低温性能、耐久性和防水能力。

3.1.5 胎体增强材料

胎体增强材料是指在涂膜防水层中增强用的聚酯无纺布、化纤无纺布、玻纤网格布等材料。

3.2 涂膜防水屋面施工

3.2.1 基层处理及施工准备

(1) 基层处理要求

涂膜防水层的找平层宜设宽 20mm 的分格缝，并嵌填密封材料。分格缝应留设在板端缝处，其纵横缝的最大间距：水泥砂浆或细石混凝土找平层，不宜大于 6m；沥青砂浆找平层，不宜大于 4m。基层转角处应抹成圆弧形，其半径不小于 50mm。严格要求平整度，以保证涂膜防水层的厚度，保证和提高涂膜防水层的防水可靠性和耐久性。涂膜防水层是满粘于找平层的，所以找平层开裂（强度不足）易引起防水层的开裂，因此涂膜防水层的找平层应有足够的强度，尽可能避免裂缝的产生，出现裂缝应进行修补。涂膜防水层的找平层宜采用掺膨胀剂的细石混凝土，强度等级不低于 C20，厚度不少于 30mm，一般为 40mm。

（2）分格缝及节点处理

1）分格缝应在浇筑找平层时预留，分格应符合设计要求，与板端缝或板的搁置部位对齐，均匀顺直，嵌填密封材料前清扫干净。分格缝处应铺设带胎体增强材料的空铺附加层，其宽度为 200～300mm。

2）天沟、檐沟、檐口等部位，均应加铺有胎体增强材料的附加层，宽度不小于 200mm。

3）水落口周边应作密封处理，管口周围 500mm 范围内应加铺有胎体增强材料的附加增强层，涂膜伸入水落口的深度不得小于 50mm。

4）泛水处应加铺有胎体增强材料的附加层，此处的涂膜附加层宜直接涂刷至女儿墙压顶下，压顶应采用铺贴卷材或涂刷涂料等作防水处理。

5）涂膜防水层的收头应用防水涂料多遍涂刷或用密封材料封固严密。

（3）防水层施工

1）施工方法及工艺要求

涂膜防水层施工可采用涂料冷涂刷、涂料热熔刮涂、涂料冷喷涂、涂料热喷涂等施工方法。

2）涂膜防水层施工工艺如图 2-19。

3）涂膜防水层的施工也应按"先高后低"，先远后近的原则进行。遇高低跨屋面时，一般先涂布高跨屋面，后涂布低跨屋面；相同高度屋面，要合理安排施工段，先涂布距上料点远的部位，后涂布近处；同一屋面上，先涂布排水较集中的水落口、天沟、檐沟、檐口等节点部位，再进行大面积涂布。

4）涂膜防水层施工前，应先对水落口、天沟、檐沟、泛水、伸出屋面管道根部等节点部位进行增强处理，一般涂刷加铺胎体增强材料的涂料进行增强处理。

（4）需铺设胎体增强材料时，如坡度小于 15% 可平行屋脊铺设；坡度大于 15% 应垂直屋脊铺设，并由屋面最低标高处开始向上铺设。胎体增强材料长边搭接宽度不得小于 50mm，短边搭接宽度不得小于 70mm。采用二层胎体增强材料时，上下层不得互相垂直铺设，搭接缝应错开，其间距不应小于幅宽的 1/3。

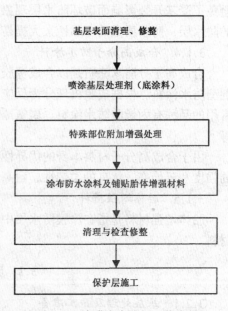

图 2-19　涂膜防水施工工艺流程

基层表面清理、修整

↓

喷涂基层处理剂（底涂料）

↓

特殊部位附加增强处理

↓

涂布防水涂料及铺贴胎体增强材料

↓

清理与检查修整

↓

保护层施工

（5）在涂膜防水屋面上如使用两种或两种以上不同防水材料时，应考虑不同材料之间的相容性（即亲合性大小、是否会发生侵蚀），如相容则可使用，否则会造成相互结合困难或互相侵蚀引起防水层短期失效。

涂料和卷材同时使用时，卷材和涂膜的接缝应顺水流方向，搭接宽度不得小于100mm。

涂膜防水屋面应设置保护层。保护层材料可采用细砂、云母、蛭虫、浅色涂料、水泥砂浆或块材等。采用水泥砂浆或块材料，应在涂膜与保护层之间设置隔离层。当用细砂、云母、蛭石时，应在最后一遍涂料涂刷后随即撒上，并用扫帚轻扫均匀、轻拍粘牢。当用浅色涂料作保护层时，应在涂膜固化后进行。

课题 4 刚性防水屋面施工

刚性防水屋面是指利用刚性防水材料作防水层的屋面。主要适用于防水等级为Ⅲ级的屋出防水、也可用作Ⅰ、Ⅱ级屋面多道防水设防中的一道防水层，不适用于设有松散材料保温层的屋面以及受较大震动或冲击和坡度大于15%的建筑屋面。

4.1 材料要求

防水层的细石混凝土宜用普通硅酸盐水泥或硅酸盐水泥，用矿渣硅酸盐水泥时应采取减少泌水性措施。水泥强度等级不宜低于32.5级。不得使用火山灰质水泥。防水层的细石混凝土和砂浆中，粗骨料的最大粒径不宜超过15mm，含泥量不应大于1%；细骨料应采用中砂或粗砂，含泥量不应大于2%；拌合用水应采用不含有害物质的洁净水。混凝土水灰比不应大于0.55，每立方米混凝土水泥最小用量不应小于330kg，含砂率宜为35%~40%，灰砂比应为1:2~2.5，并宜掺入处加剂；混凝土强度不得低于C20。普通细石混凝土、补偿收缩混凝土的自由膨胀率应为0.05%~0.1%。

块体刚性防水层使用的块体应无裂纹、无石灰颗粒、无灰浆泥面、无缺棱掉角，质地密实，表面平整。

4.2 基层处理与准备

4.2.1 基层要求

当基层为钢筋混凝土板时，应用强度等级不小于C20的细石混凝土灌缝，灌缝的细石混凝土宜掺膨胀剂。当屋面板板缝宽度大于40mm或上窄下宽时，板缝内必须设置构造钢筋，板端缝应进行密封处理。

4.2.2 隔离层施工

在结构层与防水层之间直增加一层低强度等级砂浆、卷材、塑料薄膜等材料，起隔离作用，使结构层和防水层变形互不受约束，以减少防水混凝土产生拉应力而导致混凝土防水层开裂。

做好隔离层继续施工时，要注意对隔离层加强保护。混凝土运输不能直接在隔离层表面进行，应采取垫板等措施。绑扎钢筋时不得扎破表面，浇捣混凝土时更不能振疏隔离层。

4.2.3 分格缝的设置

为防止大面积的刚性防水层因温差、混凝土收缩等影响而产生裂缝，应按设计要求设置分格缝。其位置一般应设在结构应力变化较突出的部位，如结构层屋面板的支承端、屋面转折处、防水清与突出屋面结构的交接处，并应与板缝对齐。分格缝的纵横间距一般不大于6m。

分格缝的一般做法是在施工刚性防水层前，先在隔离层上定好分相缝位置，再安放分格缝，然后按分隔板块浇筑混凝土，待混凝土初凝后，将分格条取出即可。分格缝处可采用嵌填密封材料并加贴防水卷材的办法进行处理，以增加防水的可靠性。

4.3 防水层施工

4.3.1 普通细石混凝土防水层施工

混凝土浇筑应按先远后近、光高后低的原则进行，一个分格缝内的混凝土必须一次浇筑完毕，不得留施工缝。细石混凝土防水层厚度不小于40mm，应配双向钢筋网片，间距100～200mm，但在分隔缝处应断开，钢筋网片应放置在混凝土的中上部，其保护层厚度不小于10mm。混凝土的质量要严格保证，加入外加剂时，应准确计量，投料顺序得当，搅拌均匀。混凝土搅拌应采用机械搅拌，搅拌时间不少于2min，混凝土运输过程中应防止漏浆和离析。混凝土浇筑时，先用平板振动器振实，再用滚筒滚压至表面平整、泛浆，然后用铁抹子压实抹平，并确保防水层的设计厚度和排水坡度。抹压时严禁在表面洒水、加水泥浆或撒干水泥。待混凝土初凝收水后，应进行二次表面压光，或在终凝前三次压光成活，以提高其抗渗性。混凝土浇筑12～24h后应进行养护，养护时间不应少于14d。养护初期屋面不得上人。施工时的气温宜在5～35℃，以保证防水层的施工质量。

4.3.2 补偿收缩混凝土防水层施工

补偿收缩混凝土防水层是在细石混凝土中掺入膨胀剂拌制而成，硬化后的混凝土产生微膨胀，以补偿普通混凝土的收缩，它在配筋情况下，由于钢筋限制其膨胀，从而使混凝土产生自应力，起到致密混凝土、提高混凝土抗裂性和抗渗性的作用。其施工要求与普通细石混凝土防水层大致相同。当用膨胀剂拌制补偿收缩混凝土时应按配合比准确称量，搅拌投料时膨胀剂应与水泥同时加入。混凝土连续搅拌时间不应少于3min。

课题5 其他防水屋面施工简介

5.1 架空隔热屋面

架空隔热屋面是在屋面增设架空层，利用空气流通进行隔热。隔热屋面的防水层做法同前述，施工架空层前，应将屋面清扫干净，根据架空板尺寸弹出砖垛支座中心线，架空屋面的坡度不宜大于5%，为防止架空层砖垛下的防水层造成损伤，应加强其底面的卷材或涂膜防水层，在砖垛下铺贴附加层。架空隔热层的砖垛宜用MS水泥砂浆砌筑，铺设架空板时，应将灰浆刮平，随时扫净屋面防水层上的落灰和杂物，保证架空隔热层气流畅通，架空极应铺设平整、稳固，缝隙宜用水泥砂浆或水泥混合砂浆嵌填，并按设计要求留变形缝。

架空隔热屋面所用材料及制品的质量必须符合设计要求。非上人屋面架空砖垛所用的新土砖强度等级不小于 MU10；架空盖板如采用混凝土预制板时，其强度等级不应小于 C20，且板内直放双向钢筋网片，严禁有断裂和露筋缺陷。

5.2 瓦 屋 面

瓦屋面防水是我国传统的屋面防水技术。它的种类较多，有手瓦屋面、青瓦屋面、简瓦屋面、石板瓦屋面、石棉水泥瓦屋面、玻璃钢波形瓦屋面、油毡瓦屋面、薄钢板屋面、金属压型夹心板屋面等。下面介绍的是目前使用较多共有代表性的几种瓦屋面。

5.2.1 平瓦屋面

平瓦屋面采用黏土、水泥等材料制成的平瓦铺设在钢筋混凝土或木基层上进行防水。它适用于防水等级为Ⅱ、Ⅲ级以及坡度不小于 20% 的屋面。

千瓦屋面与立墙及突出屋面结构等交接处，均应做泛水处理。天沟、檐沟的防水层，应采用合成高分子防水卷材、高聚物改性沥青防水卷材、沥青防水卷材、金属板材或塑料板材等材料铺设。

5.2.2 石棉水泥、玻璃钢波形瓦屋面

石棉水泥波瓦、玻璃钢波形瓦屋而适用于防水等级为Ⅳ级的屋面防水。铺设波瓦时，注意瓦楞与屋脊垂直，铺盖方向要与当地常年主导风雨方向相反，以避免搭口缝飘雨漏水。钉挂波瓦时，相邻两波瓦搭接处的每张盖瓦上，都应设一个螺栓或螺钉，并应设在靠近波瓦搭接部分的盖瓦波峰上。波瓦应采用带橡胶衬垫等防水垫圈的镀锌弯钩螺栓固定在金属植条或混凝土植条上，或用镀锌螺钉固定在木植条上。固定波瓦的螺栓或螺钉不应拧得太紧，以整圈稍能转动为宜。

5.2.3 油毡瓦屋面

油毡瓦是一种新型屋面防水材料，它是以玻璃纤维毡为胎基，经浸涂石油沥青后，一面覆盖彩砂矿物粒料，另一面撒以隔离材料，并经切割所制成的瓦片屋面防水材料。它适用于防水等级为Ⅱ、Ⅲ级以及坡度不小于 20% 的屋面。

油毡瓦施工时，其基层应牢固平整。如为混凝土基层，油毡瓦应用专用水泥钢钉与冷沥青玛琋脂粘结固定在混凝土基层上；如为木基层，铺瓦前应在木基层上铺设一层沥青防水卷材垫毡，用油毡钉铺钉，钉帽应盖在垫毡下面。在油毡瓦屋面与立墙及突出屋面结构等交接处，均应做泛水处理。

5.3 金属压型夹心板屋面

金属压型夹心板屋面是金属板材屋面中使用较多的一种，它是由两层彩色涂层钢板、中间加硬质自熄性聚肤酯泡沫组成，通过辊轧、发泡、粘结一次成型。它适用于防水等级为Ⅱ、Ⅲ级的屋面单层防水，尤其是工业与民用建筑轻型屋盖的保温防水屋面。

铺设压型钢板屋面时，相邻两块板应顺年最大频率风向搭接，可避免刮风时冷空气贯入室内。

上下两排板的搭接长度，应根据板型和屋面坡长确定。所有搭接缝内应用密封材料嵌填封严，防止渗漏。

5.4 蓄水屋面

蓄水屋面是屋面上蓄水后利用水的蓄热和蒸发,大量消耗投射在屋面上的太阳辐射热,有效减少通过屋盖的传热量,从而达到保温隔热和延缓防水层老化的目的。蓄水屋面多用于我国南方地区,一般为开敞式。为加强防水层的坚固性,应采用刚性防水层或在卷材、涂膜防水层上再做刚性防水层,并采用耐腐蚀、耐霉烂、耐穿刺性好的防水层材料,以免异物掉入时损坏防水层。蓄水屋面应划分为若干蓄水区以适应屋面变形的需要,根据多年的使用经验,每区的边长不宜大于 10m,在变形缝的两侧应分成两个互不连通的蓄水区,长度超过 40m 的蓄水屋面应做横向伸缩缝一道。蓄水屋面应设置 人行通道。考虑到防水要求的特殊性,蓄水屋面所设排水管、溢水口和给水管等,应在防水层施工前安装完毕。并且为使每个蓄水区混凝土的整体防水性好,要求防水混凝土一次浇筑完毕,不得留施工缝。蓄水屋面的所有孔洞应预留,不能后凿。蓄水屋面的刚性防水层完工后,应在混凝土终凝后,即洒水养护,养护好后,及时蓄水,防止干涸开裂,蓄水屋面蓄水后不能断水。

5.5 种植屋面

种植屋面是在屋面防水层上覆土或盖有锯木屑、膨胀硅石等多孔松散材料,进行种植草皮、花卉、蔬菜、水果或设架种植攀缘植物等作物。这种屋面可以有效地保护防水层和屋盖结构层,对建筑物也有很好的保温隔热效果,并对城市环境能起到绿化和美化的作用,有益环境保护和人们的健康。

种植屋面在施工挡墙时,留设的泄水孔位置应准确,且不得堵塞,以免给防水层带来不利,覆盖层施工时,应避免损坏防水层,覆盖材料的厚度和质量应符合设计要求,以防止屋面结构过量超载。

5.6 倒置式屋面

倒置式屋面是把原屋面"防水层在上,保温层在下"的构造设置倒置过来,将增水性或吸水率较低的保温材料放在防水层上,使防水层不易损伤,提高耐久性,并可防止屋面结构内部结露。倒置式屋面的保温层的基层应平整、干燥和干净。

倒置式屋面的保温材料铺设,对松散型应分层铺设,并适当压实,每层虚铺厚度不宜大于 150mm,板块保温材料应铺设平稳,拼缝严密,分层铺设的板块上、下层接缝应错开,板间缝隙用同类材料嵌填密实。

保温材料有松散型、板状型和整体现浇(喷)保温层,其保温层的含水率必须符合设计要求。

课题 6 屋面防水工程施工质量标准与检验

屋面防水工程为一个分部工程,为了保证屋面防水工程的质量,应按工序或分项进行验收。分项工程应按构成分项工程划分的检验批进行验收。检验批的质量应按主控项目和一般项目进行验收。

6.1 屋面工程质量应符合下列要求

(1) 防水层不得有渗漏或积水现象。

(2) 使用的材料应符合设计要求和质量标准的规定。

(3) 找平层表面应平整，不得有酥松、起砂、起皮现象。

(4) 保温层的厚度、含水量和表观密度应符合设计要求。

(5) 天沟、檐沟、泛水和变形缝等构造，应符合设计要求。

(6) 卷材铺贴方法和搭接顺序应符合设计要求，搭接宽度正确，接缝严密，不得有皱折、鼓泡和翘边现象。

(7) 涂膜防水层的厚度应符合设计要求，涂层无裂纹、皱折、流淌、鼓泡和露胎体现象。

(8) 刚性防水层表面应平整、压光，不起砂，不起皮，不开裂。分格缝应平直，位置正确。

(9) 嵌缝密封材料应与两侧基层粘牢，密封部位光滑、平直，不得有开裂、鼓泡、下塌现象。

(10) 平瓦屋面的基层应平整、牢固，瓦片排列整齐、平直，搭接合理，接缝严密，不得有残缺瓦片。

6.2 屋面工程隐蔽验收内容

屋面工程在施工过程中，应认真进行隐蔽工程的质量检查和验收，及时做好隐蔽验收记录。隐蔽验收内容应包括以下内容：

(1) 卷材、涂膜防水层的基层。

(2) 密封防水处理部位。

(3) 天沟、檐沟、泛水和变形缝等细部做法。

(4) 卷材、涂膜防水层的搭接宽度和附加层。

(5) 刚性保护层与卷材、涂膜防水层之间设置的隔离层。

6.3 防水层主控项目与一般项目检验

6.3.1 卷材防水层质量检验

屋面卷材防水质量主要是要求其施工质量在耐用年限内不得渗漏。其质量检验项目及检验方法见表 2-16。

卷材防水层质量检验   表 2-16

	检 验 项 目 及 要 求	检 验 方 法
主控项目	1. 卷材防水层所用卷材及其配套材料必须符合设计要求	检查出厂合格证、质量检验报告和现场抽样复验报告
	2. 卷材防水层不得有渗漏或积水现象	雨后或淋水、蓄水试验
	3. 卷材防水层在天沟、檐沟、檐口、泛水、变形缝和水落口和伸出屋面管道等细部做法必须符合设计要求	观察检查和检查隐蔽工程验收记录

检验项目及要求		检验方法
一般项目	1. 卷材防水层的搭接缝应粘（焊）牢固、密封严密、并不得有皱折、翘边和鼓泡	观察检查
	2. 防水层的收头应与基层粘接并固定牢固，缝口封严，不得翘边	观察检查
	3. 卷材防水层撒布材料和浅色涂料保护层应铺撒或涂刷均匀，粘接牢固	观察检查
	4. 卷材防水层的水泥砂浆或细石混凝土保护层与卷材防水层间应设置隔离层	观察检查
	5. 保护层的分格缝留置应符合设计要求	观察检查
	6. 卷材的铺设方向应正确，卷材的搭接宽度允许偏差为 10mm	观察检查和尺量检查
	7. 排汽屋面的排汽道、排汽孔应纵横贯通，不得堵塞；排汽管应安装牢固，位置正确，封闭严密	观察检查和尺量检查

6.3.2 涂膜防水层质量检验

涂膜防水层质量检验的项目、要求和检验方法见表 2-17。

涂膜防水层质量检验　　　　　　　　　　　　　　　　表 2-17

检验项目及要求		检验方法
主控项目	1. 防水涂料和胎体增强材料必须符合设计要求	检查出厂合格证、质量检验报告和现场抽样复验报告
	2. 涂膜防水层不得有渗漏或积水现象	雨后或淋水、蓄水试验
	3. 涂膜防水层在天沟、檐沟、檐口、泛水、变形缝、水落口和伸出屋面管道等细部做法必须符合设计要求	观察检查和检查隐蔽工程验收记录
一般项目	1. 涂膜防水层厚度：平均厚度符合设计要求，最小厚度不应小于设计厚度的 80%	针测法或取样量测
	2. 防水层表观质量：与基层粘结牢固，表面平整，涂刷均匀，无流淌、皱折、鼓泡、露胎体、翘边等缺陷	观察检查
	3. 涂膜防水层撒布材料和浅色涂料保护层应铺撒或涂刷均匀，粘结牢固	观察检查
	4. 涂膜防水层的水泥砂浆或细石混凝土保护层与卷材防水层间应设置隔离层	观察检查
	5. 刚性保护层的分格缝留置应符合设计要求	观察检查

6.3.3 刚性防水层质量检验

细石混凝土防水层质量检验的项目、要求和检验方法见表 2-18。

	检 验 项 目 及 要 求	检 验 方 法
主控项目	1. 细石混凝土原材料及配合比必须符合设计要求	检查出厂合格证、质量检验报告和现场抽样复验报告
	2. 细石混凝土防水层不得有渗漏或积水现象	雨后或淋水、蓄水试验
	3. 细石混凝土防水层在天沟、檐沟、泛水、变形缝、水落口和伸出屋面管道等细部做法必须符合设计要求	观察检查和检查隐蔽工程验收记录
一般项目	1. 防水层表面应表面平整、压实抹光，不得有裂缝、起壳、起砂等缺陷	观察检查
	2. 防水层厚度和钢筋位置必须符合设计要求	观察检查和尺量检查
	3. 分格缝位置和间距应符合设计要求	观察检查和尺量检查
	4. 防水层表面平整度允许偏差为 5mm	用 2m 靠尺和楔形塞尺检查

6.4　使用功能的检验

　　根据《建筑工程施工质量验收统一标准》GB50300 的规定，对涉及结构安全和使用功能的重要分部工程进行抽样检测，屋面工程验收时，应检查屋面有无渗漏、积水和排水系统是否畅通。检查屋面有无渗漏，应在雨后或持续淋水 2h 后进行。能够作蓄水检验的屋面，其蓄水时间不应少于 24h。

复习思考题

1. 屋顶按照其外形可以分为哪几类？
2. 屋顶的排水坡度常用的表示方法是什么？
3. 屋面防水材料的检验、储运和保管包括哪些内容？
4. 屋面找平层的作用和质量要求是什么？
5. 试述高聚物改性沥青卷材的冷粘法和热熔法的施工过程。
6. 试述卷材防水屋面、涂膜防水屋面、刚性防水屋面的主要特点。
7. 屋面工程的隐蔽工程验收内容主要包括哪些？
8. 屋面防水工程功能检验方法是什么？

单元 3　厨房卫生间防水工程施工

知识点：　了解厨房卫生间防水工程施工的常用材料、机具；熟悉厨房卫生间防水工程施工方法要点；熟悉厨房卫生间防水的基本构造。掌握厨房卫生间防水工程施工质量标准与检验；

课题 1　厨房卫生间防水构造

对有水侵蚀的房间，如厨房、厕所、盥洗室、淋浴室等，由于小便槽、盥洗台等各种设备、水管较多，用水频繁，室内积水的机会也多，容易发生渗漏水现象。因此，施工时需对这些房间的楼板层、墙身采取有效的防潮、防水措施，满足防水构造。如果忽视这些问题或者处理不当，就很容易发生管道、设备、楼板和墙身渗漏水，影响正常使用，并有碍建筑物的美观，严重的将破坏建筑结构，降低使用寿命。

1.1　厨房、卫生间地面的构造

为了满足厨房、卫生间地面防水的要求，其地面构造做法通常是：基层为现浇钢筋混凝土楼板；找平层采用 20 厚 1:3 水泥砂浆，四周抹小八字角；防水层可用聚氨酯三遍涂膜厚 1:5 ~ 1:8 mm 或其他防水涂料防水层，防水层四周卷起高 150mm，且楼面与墙面竖管转角处均附加 300 宽一布一涂；60 厚 C20 细石混凝土向地漏找坡，最薄处不小于 30 厚；20 厚 1:4 干硬性水泥砂浆结合层；然后撒素水泥面；面层多为 8 ~ 10 厚防滑地砖，干水泥擦缝。

1.2　楼面排水

为便于排水，楼面需有一定坡度，并设置地漏，引导水流入地漏。排水坡一般为 1% ~ 1.5%。为防止室内积水外溢，对有水房间的楼面或地面标高应比其他房间或走廊低 20 ~ 30mm；若有水房间楼地面标高与走廊或其他房间楼、地面标高相平时，亦可在门口做高出 20 ~ 30mm 的门槛，如图 3-1 所示。

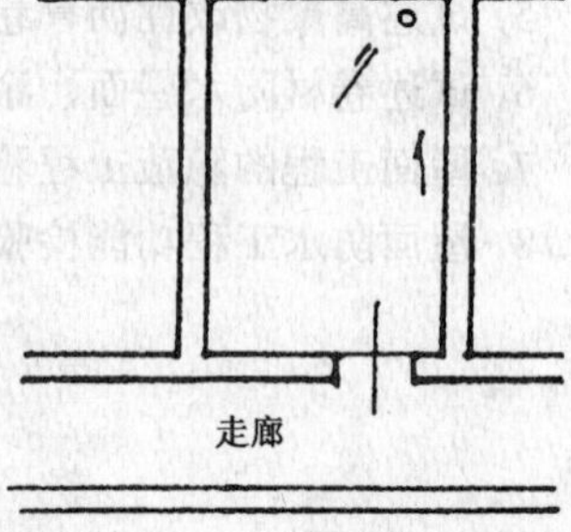

图 3-1　楼面排水

1.3　楼板、墙身的防水和处理

1.3.1　楼板防水

对有水侵袭的楼板应采用现浇楼板。对防水质量要求较高的地方，可在楼板与面层之间设置防水层一道，常见的防水材料有卷材防水、防水砂浆防水或涂料防水层，以防止水的渗透，然后再做面层，如图 3-2 所示。有水房间地面常采用水泥地面、水磨石地面、马赛克地面、地砖地面或缸砖地面等。为防止水沿房间四周侵入墙身，应将防水层沿房间四周墙边向上深入踢脚线内 100～150mm，如图 3-2（c）所示。当遇到开门处，其防水层应铺出门外至少数 250mm，如图 3-2（a）、（b）所示。

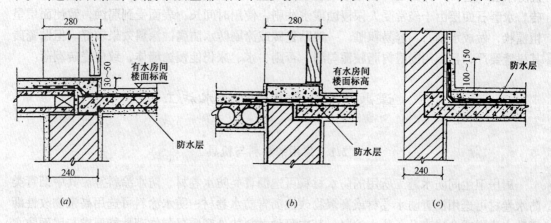

图 3-2　有水房间楼板层的防水处理
（a）地面降低；（b）设置门槛；（c）墙身防水

1.3.2　穿楼板立管的防水处理

一般采用两种办法，一是在管道穿过的周围用 C20 级干硬性细石混凝土捣固紧实，再以两布二油橡胶酸性沥青防水涂料作密封处理，如图 3-3（a）所示；二是对某些暖气管、

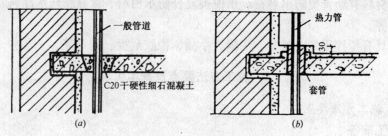

图 3-3　管道穿过楼板时的处理
（a）普通管道的处理；（b）热力管道的处理

热水管穿过楼板层时，为防止由于温度变化，出现胀缩变形，致使管壁周围漏水，故常在楼板走管的位置埋设一个比热水管直径稍大的套管，以保证热水管能自由伸缩而不致影响混凝土开裂。套管比楼面高出 30mm 左右，如图 3-3（b）所示。

1.3.3　淋水墙面的处理

淋水墙面常包括浴室、盥洗室和小便槽等处有水侵蚀墙体的情况。对于这些部位如果防水处理不当，亦会造成严重后果。最常见的问题是男小便槽的渗漏水，它不仅影响室内，严重的影响到室外或其他房间。

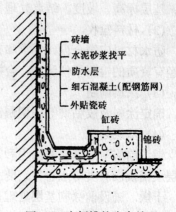

图 3-4　小便槽的防水处理

对小便槽的处理首先是迅速排水，其次是小便槽本身须用混凝土材料制作，内配构造钢筋（$\phi6@200\sim300mm$双向钢筋网），槽壁厚40mm以上。为提高防水质量，可在槽底加设防水层一道，并将其延伸到墙身，如图3-4所示。然后在槽表面作水磨石面层或贴瓷砖。水磨石面层由于经常受人尿侵蚀或水冲刷，使用时间长，表面受到腐蚀，致使面层呈粗糙状，做成水刷石，容易积脏。一般贴瓷砖或涂刷防水防腐蚀涂料效果较好。但贴瓷砖其拼缝要严，且须用酚醛树脂胶泥勾缝，否则，水、尿仍能侵蚀墙体，致使瓷砖剥落。

课题2 厨房卫生间防水施工

2.1 常用的材料与机具

厨房卫生间防水施工所用的防水材料可选沥青类防水卷材、防水涂料等。其中沥青类防水卷材可选沥青防水卷材或高聚物改性沥青防水卷材；防水涂料可选高聚物改性沥青防水涂料或合成高分子防水涂料。其中每种材料的外观质量与物理性能要求与屋面防水工程中的相同。

当采用水泥砂浆或水泥混凝土找平层作为防水层时，应在砂浆或混凝土中掺入外加剂。外加剂宜选用硅质密实剂，其掺量为水泥用量的10%。

铺贴沥青防水卷材，宜采用沥青胶，沥青胶的标号用S—60；铺贴高聚物改性沥青防水卷材，宜用相容的胶粘剂，其粘结剥离强度不应小于8N/10mm。

常用的材料有沥青类防水卷材、水泥类复合防水材料、聚氨脂防水涂料、玻璃丝纤维布、防水剂等。

常用机具有搅拌用具、量具、中桶、小桶、橡胶刮板、刷子等。

2.2 施工方法要点及基本要求

2.2.1 施工方法要点：

(1) 施工准备

防水层下基层或结构层工程完工后，经检验合格并做隐蔽记录，方可进行防水层的施工；施工前应有施工方案，有详细的技术交底，并交至施工操作人员；现场进行技术复核，基层标高、坡度、结点处理符合设计要求并经验收合格。

(2) 材料验收

防水材料应符合设计要求和有关现行国家标准的规定，进场后应进行抽样复试，其材质经有资质的检测单位认定，合格后方准使用。

(3) 涂料调制

确定涂料及胶粘剂等的调制比例，并按比例调制。

(4) 基层处理

铺设前应清除基层的淤泥和杂物，并保持基层干燥，含水率不大于9%；在水泥类找平层上铺设沥青类防水卷材、防水涂料或以水泥类材料作为防水层时，其表面应坚固、洁净、干燥。铺设前涂刷基层处理剂，基层处理剂应采用与卷材性能配套的材料或采用同类涂料的冷底子油。防水层采用卷材时，铺贴前刷冷底子油，涂刷要均匀，不得漏刷；采用防水涂料时，基层铺涂前应刷底胶，涂刷要均匀，不得漏刷。

（5）铺设防水材料施工要点：

卷材铺设：

1）卷材表面和基层表面上用长把滚刷均匀涂布胶粘剂，涂胶后静置20min左右，待胶膜基本干燥，指触不粘时，即可进行卷材铺贴；

2）卷材铺贴时先弹出基准线，将卷材的一端固定在预定部位，再沿基准线铺展。平面与立面相连的卷材先铺贴平面然后向立面铺贴，并使卷材紧贴阴、阳角。接缝部位必须距离阴、阳角200mm以上。

3）铺完一张卷材后，立即用干净的松软长把滚刷从卷材一端开始朝横方向顺序用力滚压一遍，以彻底排除卷材与基层之间的空气，平面部位用外包橡胶的长300mm、重30~40kg的钢辊滚压一遍，使其粘结牢固，垂直部位用手持压辊液压粘牢。

4）卷材接缝宽度为100mm，在接缝部位每隔1m左右处，涂刷少许胶粘剂，待其基本干燥后，将搭接部位的卷材翻开，先作临时粘结固定，然后将粘结卷材接缝用的专用胶粘剂，均匀涂刷在卷材接缝隙的两个粘结面上，待涂胶基本干燥后再进行压合。

5）卷材接缝部位的附加增强处理：在接缝边缘填密封膏后，骑缝粘贴一条宽120mm的卷材胶条（粘贴方法同前）进行附加增强处理。

防水涂料：

1）在底子胶固化干燥后，先检查上面是否有气泡或气孔，如有气泡用底胶填实；

2）铺设增强材料，涂刷涂料。采用橡胶刮板或塑料刮板将涂料均匀地涂刮在基层上，先涂立面，再涂平面，由内向外涂刮。

3）第一道涂层固化后，手感不粘时，即可涂刮第二道涂层，第二道涂刮方向与第一道涂刮方向垂直。

4）操作时应认真仔细，不得漏刮、鼓泡。

在墙面与地面相交的阴角处，出地管道根部和地漏周围，须增加附加层，附加层宜在冷底子油或底胶作完后施工。附加层做法符合设计要求。

（6）验收：

防水层施工完后，应进行试水试验。将地漏、下水口和门口处临时封堵，蓄水深度20~30mm，蓄水24h后，观察无渗漏现象为合格。

2.2.2　基本要求：

用沥青胶铺设沥青防水卷材时，热沥青胶的加热温度不应高于240℃，使用温度不应低于190℃；冷沥青胶使用时应搅匀，稠度太大时可加少量溶剂稀释搅匀。沥青胶应涂刮均匀，不得过厚或堆积。热沥青胶粘结层厚度宜为1~1.5mm，冷沥青胶粘结层厚度宜为0.5~1mm。铺贴的卷材应平整顺直、搭接尺寸准确，不得扭曲、皱折。卷材短边搭接宽度宜为100mm；卷材长边搭接宽度宜为70mm。

用胶粘剂铺设高聚物改性沥青防水卷材时，胶粘剂应涂刷均匀、不漏底、不堆积，应控制胶粘剂与卷材铺贴的间隔时间。卷材应铺贴平整顺直，辊压粘结牢固，搭接尺寸准确，不得扭曲、皱折，搭接宽度同沥青防水卷材，搭接部位的接缝应满涂胶粘剂，溢出的胶粘剂随即刮平封口。

用防水涂料作隔离层时，防水涂料可选用涂刷或喷涂施工。防水涂料应分层分遍涂布。待先涂的涂层干燥成膜后，方可涂布后一遍涂料。需铺设胎体增强材料时，位于下面的涂层厚度不宜小于1mm；最上层的涂层不应少于两遍。采用两层胎体增强材料时，上下层不得互相垂直铺设，搭接缝应错开，其间距不应小于幅宽的1/3。高聚物改性沥青防水涂膜厚度不应小于3mm；合成高分子防水涂膜厚度不应小于2mm。

当采用刚性防水时，应采用硅酸盐水泥或普通硅酸盐水泥，水泥强度等级不应低于32.5级。当掺用防水剂时，其掺量和强度等级（或配合比）应符合设计要求。

在管道穿过楼面的四周，防水材料应向上铺涂，并超过套管上口；在靠近墙面处，应高出面层200～300mm，或按设计要求的高度铺涂。阴阳角和管道穿过楼面的根部应增加铺涂附加防水隔离层。

课题3 厨房卫生间防水施工质量标准与检验

防水层质量分为合格和不合格。

3.1 主控项目

（1）隔离层材质必须符合设计要求和国家产品标准的规定。

检验方法：观察检查和检查材质合格证明文件及检测报告。

（2）楼层结构必须采用现浇混凝土或整块预制混凝土板，混凝土强度等级不应低于C20；楼板四周除门洞外，应做混凝土翻边，其高度不应小于120mm。施工时结构层标高和预留孔洞位置应准确，严禁乱凿洞。

检验方法：观察和钢尺检查。

（3）水泥类防水隔离层的防水性能和强度等级必须符合设计要求。

检验方法：观察检查和检查检测报告。

（4）防水隔离层严禁渗漏，坡向应正确、排水通畅。

检验方法：观察检查和蓄水、泼水检验或坡度尺检查及检查检测记录。

3.2 一般项目

（1）隔离层与下一层结合牢固，不得有空鼓；防水涂料层应平整、均匀，无脱皮、起壳、裂缝、鼓泡等缺陷。

检验方法：用小锤轻击检查和观察检查。

（2）隔离层厚度应符合设计要求。

检验方法：观察检查和用钢尺检查。

（3）隔离层表面的允许偏差应符合表3-1的规定。

隔离层表面的允许偏差 表3-1

项次	项　目	允　许　偏　差	检验方法
1	表面平整度	3	用2m靠尺和楔形塞尺检查
2	标　高	±4	用水准仪检查

项次	项　目	允　许　偏　差	检验方法
3	坡　度	不大于房间相应尺寸的 2/1000，且不大于 30	用坡度尺检查
4	厚　度	在个别地方不大于设计厚度的 1/10	用钢尺检查

3.3　应符合的规定

（1）隔离层的施工质量验收应按每个层次或每个施工段（或变形缝）作为检验批，高层建筑的标准层可按每三层（不足三层按三层计）作为检验批。

（2）每检验批应以各子分部工程的基层按自然间（或标准间）检验，抽查数量应随机检验不应少于三间；不足三间，应全数检查。

（3）隔离层工程的施工质量检验的主控项目，必须达到本标准规定的质量标准，认定为合格；一般项目 80% 以上的检查点（处）符合规范规定的质量要求，其他检查点（处）不得有明显影响使用，并不得大于允许偏差的 50% 为合格。

复习思考题

1．厨房卫生间防水施工中常用的材料有哪些？

2．简述厨房卫生间防水工程施工的工艺流程。

3．厨房卫生间防水施工与屋面防水施工在基本要求上有哪些相同点和不同点？

4．简述厨房、卫生间地面的构造做法。

5．为了防止厨房、卫生间地面漏水，需解决哪些问题？

6．对有穿楼板立管的地面，防水处如何处理？

7．厨房、卫生间地面防止验收时有哪些基本规定？

单元4 地下防水工程施工

知识点： 认识地下室的基本构造；认识地下防水工程的等级及适用范围；掌握混凝土结构自防水材料特点、要求及常用的混凝土种类；掌握混凝土结构自防水施工过程及要点；掌握卷材地下防水施工的外贴法施工工艺；了解其他地下防水工程施工方法。

各种房屋的地下室及地下构筑物，其墙体及底面埋在潮湿的土中或浸在地下水中。为此，建筑物地下部分必须做防水或防潮处理。

地下防水工程的设计和施工遵循"防、排、截、堵相结合，刚柔相济，因地制宜，综合治理"的原则。地下防水工程的设计和施工应遵循这一原则，并根据建筑功能及使用要求，按现行规范正确划定防水等级，合理确定防水方案。目前，地下工程的防水方案主要有以下几种：第一种，采用防水混凝土结构，以调整混凝土配合比或掺外加剂等方法，来提高混凝土本身的密实度和抗渗性，使其具有一定防水能力（能满足抗渗等级要求）的整体式混凝土或钢筋混凝土结构，同时还能起到承重的结构功能；第二种，在地下结构表面附加防水层，如抹水泥砂浆防水层或贴卷材防水层等；第三种，采用防水加排水措施，即"防排结合"方案。排水方案通常可用盲沟排水、渗排水与内排水等方法把地下水排走，以达到防水的目的。

地下工程防水等级及其相适应的适用范围见表4-1。

地下工程防水等级及其适用范围 表4-1

防水等级	标 准	适 用 范 围
一级	不允许渗水，结构表面无湿渍	人员长期停留的场所；因有少量湿渍会使物品变质、失效的贮物场所及严惩影响设备正常运转和危及工程安全运营的部位；极重要的战备工程
二级	水允许漏水，结构表面可有少量湿渍 工业与民用建筑：总湿渍面积不应大于总防水面积（包括顶板、墙面、地面）的1/1000；任意100m²防水面积上的湿渍不超过1处，单个湿渍的最大面积不大于0.1m² 其他地下工程：总湿渍面积不应大于总防水面积的6/1000；任意100m²防水面积上的湿渍不超过4处，单个湿渍的最大面积不大于0.2m²	人员经常活动的场所；在有少量湿渍的情况下不会使物品变质、失效的贮物场所及基本不影响设备正常运转和工程安全运营的部位重要的战备工程
三级	有少量漏水点，不得有线流和漏泥砂任意100m²防水面积上的漏水点数不超过7处，单个漏水点的最大漏水量大于2.5L/d，单个湿渍的最大面积大于0.3m²	人员临时活动的场所；一般战备工程
四级	有漏水点，不得有线流和漏泥砂整个工程平均漏不大于4L/(m²·d)	对渗漏水无严格要求的工程

54

目前，地下防水工程应用技术正由单一防水向多道设防、刚柔并举方向发展；刚性防水材料从普通防水混凝土向高性能、外加剂纤维抗裂以及聚合物水泥混凝土方向发展；柔性防水材料从普通纸胎沥青油毡向聚酯胎、玻纤胎高聚物改性沥青以及合成高分子片材方向发展；防水涂料和密封防水材料也从沥青基向高聚物改性沥青、高分子以及聚合物无机涂料方向发展。

课题1 地下室构造基本知识

建筑物首层以下的地下使用空间称为地下室。地下室一般由墙身、底板、顶板、门窗、楼梯、采光井等部分组成。地下室的防水是确保地下室能够正常使用的关键环节，一般应根据地下水情况和土壤以及地表水情况等因素综合考虑确定合理的防水方案。

1.1 地下室基本构造

1.1.1 墙体

地下室的墙体不但要承担上部结构所有的荷载，而且要抵抗土体侧压力。所以，地下室墙体应具有足够的强度和稳定性。当地下水的常年水位和最高水位均在地下室地坪标高以下时，墙体应该具有良好的防水和防潮功能。一般情况下，地下室墙体采用砖墙、混凝土墙和钢筋混凝土墙。

1.1.2 顶板

一般采用钢筋混凝土板，通常与普通楼板相同。

1.1.3 底板

地下室的底板应具有良好的整体性和较大的刚度，同时具有抗渗和防水能力。地下室底板多采用钢筋混凝土，还要根据地下水位情况做防水和防潮处理。

1.1.4 门窗和采光井

普通地下室的门窗和其他房间的门窗相同。为了改善地下室的室内环境，增加开窗面积，在城市规划部门的许可下，可以在窗外设置采光井。采光井一般构造如图4-1所示。

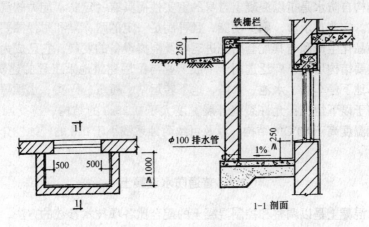

图4-1 地下室采光井构造

1.2 地下室防水构造

当地下水的常年水位和最高水位均高于地下室底板顶面时，地下室底板和部分墙体就会受到地下水的侵袭。地下室墙体会受到地下水侧压力的作用，地下室底板则会受到地下水浮力的影响，此时需要做防水处理。一般情况下，地下室的防水方案有附加防水层方案（即使用卷材、涂料、砂浆等作为防水措施），结构自防水方案（使用抗渗混凝土结构，补偿收缩混凝土结构等既作为承重结构又具有防水功能），渗排水方案（即在附加防水层或结构自防水的同时，还要设置渗水和排水措施，一般用于防水要求较高的地下室）。地下室防水的一般构造如图4-2所示。

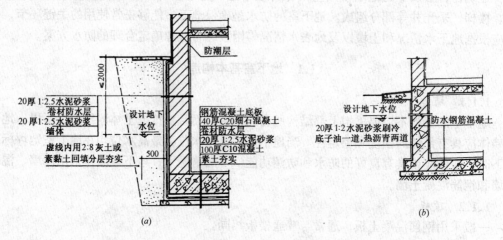

图4-2　地下室防水构造
(*a*) 卷材外防水构造；(*b*) 混凝土结构自防水构造

课题 2　混凝土结构自防水

混凝土结构自防水是指以混凝土自身的密实性而具有一定防水能力的混凝土或钢筋混凝土结构形式。它兼具承重、围护功能，且可满足一定的耐冻融和耐侵蚀要求。随着混凝土工业化、商品化生产和与其配套的先进运输及浇捣设备的发展，它已成为地下防水工程首选的一种主要结构形式，广泛选用于一般工业与民用建筑地下工程的建筑物和构筑物。例如地下室、地下停车场、水池、水塔、地下转运站、桥墩、码头、水坝等。混凝土结构自防水不能用于以下情况：允许裂缝开展宽度大于 0.2mm 的结构、遭受剧烈振动或冲击的结构、环境温度高于 80℃ 的结构，以及可致耐蚀系数小于 0.8 的侵蚀性介质中使用的结构。

2.1 普通防水混凝土

普通防水混凝土是以调整和控制混凝土的配合比各项技术参数的方法，提高混凝土的抗渗性以达到防水目的。其应用技术在我国已有 40 多年的历史，是一种行之有效的提高混凝土防水能力的方法。其材料选择的具体要求是：

普通防水混凝土宜采用普通硅酸盐水泥、火山灰质硅酸盐水泥、粉煤灰硅酸盐水泥；水泥强度等级不应低于32.5级；如掺用外加剂（一般为减水剂），亦可采用矿渣硅酸盐水泥；在受冻融作用的条件下，应优先进用普通硅酸盐水泥，不宜采用火山灰质硅酸盐水泥和粉煤灰硅酸盐水泥。

石子最大粒径不宜大于40mm；泵送混凝土，石子最大料径应为输送管径的1/4以内；所含泥土不得呈块状或包裹石子表面，吸水率不大于1.5%；砂宜采用含泥量不得大于3.0%、泥块含量不得大于1.0%的中砂。

外加剂应概据具体情况采用减水剂、加气剂、防水剂或膨胀剂等。

2.2 外加剂防水混凝土

外加剂防水混凝土根据工程结构和施工工艺等对防水混凝土的具体要求，适宜地选用相应的外加剂配制而成的混凝土。常用的有引气剂防水混凝土、减水剂防水混凝土、氯化铁防水混凝土、补偿收缩混凝土等。

2.2.1 引气剂防水混凝土

是在混凝土拌合物中掺入适量的引气剂配制而成的混凝土。在混凝土拌合物中加入引气剂后，混凝土黏滞性增大，不易松散和离析，可以显著地改善其和易性；提高了混凝土的密实性和抗渗性；有效地提高混凝土的抗冻性，通常可较普通混凝土提高3~4倍。

引气剂防水混凝土适用于对抗渗性和抗渗性和抗冻性要求较高的工程结构，特别适合寒冷地区使用。

常用的引气剂有松香酸钠（松香皂）、松香热聚物；另外还有烷基磺酸钠、烷基苯磺酸钠等。

2.2.2 减水剂防水混凝土

是在混凝土拌合物中掺入适量的减水剂本制而成的混凝土。掺入减水剂可以使混凝土在坍落度不变的条件下，减少了拌合用水量；使水泥颗粒更能充分水化，使水泥石结构更加密实，从而提高了混凝土的密实性和抗渗性。

减洗涤剂防水混凝土适用于一般工业与民用建筑的防水工程，也适用于大型设备基础等大体积混凝土，以及不同季节施工的防水工程。

常用的减水剂有木质素磺酸钙、多环芳香族磺酸钠、糖蜜等。

2.2.3 氯化铁防水混凝土

是在混凝土中掺入适量的氯化铁防水剂本制而成的。氯化铁防水剂能改善混凝土内部的孔隙结构，增加其密实性，使混凝土具有良好的抗渗性。氯化铁防水剂配制简便，且材料来源广泛，价格较低，并具有增强、早强、耐久、抗腐蚀等优点，且早期即具较高抗渗能力，是适合用在地下防水工程中的一种良好的防水剂，可以配制较高抗渗等级的防水混凝土或抗油渗混凝土，适用于长期贮水的构筑物，以及防水工程的治渗及维修。

2.2.4 补偿收缩混凝土

补偿收缩混凝土是用膨胀水泥、或在普通混凝土中掺入适量膨胀剂配制而成的一种微膨胀混凝土。孔隙和裂缝是混凝土自身的两大弊端，也是混凝土结构产生渗漏水的两大主因。然而，能以同步抑制上述两个导致渗漏的因素正是补偿收缩混凝土所具有的特性。补偿收缩混凝土以其优异特性在建筑工程中获得广泛应用，适用于一般工业与民用建筑的地下防水结构，水池、水塔等构筑物，以及修补、堵漏、后浇带等。

2.3 新型防水混凝土

随着人们对工业生产、公用设施，以及住宅建筑的功能需求日益增高，建筑造型趋向功能化、个性化、多样化，使建筑物的体积增大、形状复杂。致使作为地下结构主要防水材料的防水混凝土的抗裂性尤显重要。所以，显著提高了混凝土的密实性和抗裂性的新型防水混凝土逐步发展起来。如纤维抗裂防水混凝土、自密实高性能防水混凝土和聚合物水泥防水混凝土等。

2.3.1 纤维抗裂防水混凝土

纤维抗裂防水混凝土是在防水混凝土中掺入一定量的纤维而组成的刚性复合材料。由于混凝土在硬化过程中会因为干缩、徐变、温差等因素而产生微细裂缝，这些裂缝连通形成混凝土内部渗水通道，造成渗水隐患。因此，在混凝土中加入纤维可以有效地提高混凝土的抗裂性和其他机械力学性能。由于纤维均匀的分布在混凝土拌和物中，与水泥砂浆紧密结合，可以改变混凝土中微裂缝的发展方向，阻止裂缝连通，从而有效的达到提高混凝土抗裂性，达到防水目的。

纤维抗裂防水混凝土常使用的纤维有钢纤维（铣屑、冷拔钢丝等）、聚丙烯纤维等。基本施工工艺是根据混凝土防水和抗裂性能要求，在试配的基础上确定混凝土配合比及纤维掺量，将纤维掺入混凝土拌和物中按照要求搅拌得到，并按照相关规定进行混凝土施工。

2.3.2 自密实高性能防水混凝土

自密实高性能防水混凝土属高性能防水混凝土的一部分。它具备高强度、高耐久性、高工作性等性能。其很高的流动性使得在不振捣和少振捣的情况下，可以自动充满模型，且不离析、不泌水。从而可以避免因振捣不足而造成的混凝土孔洞、蜂窝、麻面等缺陷，且体积收缩小，抗渗性能高。适用于浇筑量大、体积大、密筋、形状复杂或浇注困难的地下防水工程。

2.3.3 聚合物水泥混凝土

聚合物水泥混凝土是将聚合物（聚醋酸乙烯乳液—白乳胶、氯丁橡胶、丙烯酸酯等）掺入水泥砂浆及混凝土。聚合物形成的弹性网膜将混凝土、砂浆中的孔隙填塞，并经化学作用加大了聚合物同水泥水化产物的粘接强度，从而有效的对混凝土和砂浆进行改性。不仅增加了混凝土和砂浆的抗压强度，还使抗拉强度和抗弯强度获得较大提高，增强混凝土和砂浆的密实度，减少了裂缝，因而使抗渗性显著提高，且增加了适应变形的能力，适用于地下建筑物、构筑物防水以及游泳池、水泥库、化粪池等防水工程。

2.4 防水混凝土施工

由于防水混凝土结构处在地下这一复杂环境，长期承受地下水的毛细管作用，所以除了应对防水混凝土结构精心设计、合理选材之外，关键还要保证施工质量。施工过程中混凝土的搅拌、运输、浇筑、振捣及养护等都直接影响着施工质量。严格把好施工中每一个环节的质量关，使大面积防水混凝土以及每一细部节点不渗不漏。

2.4.1 施工要求

防水混凝土所用模板，除满足一般要求外，应特别注意模板拼缝严密，支撑牢固。一般不宜用螺栓或钢丝贯穿混凝土墙固定模板，以防止由于螺栓或钢丝贯穿混凝土墙面而引起渗漏水，影响防水效果。但是，如果墙较高需用螺栓贯穿混凝土墙固定模板时，应采取止水措施。一般可采用工具式螺栓、螺栓加焊水环、套管加焊止水环、螺栓加堵头等方法。

(1) 工具式螺栓做法

用工具式螺栓将防水螺栓固定并拉紧，以压紧固定模板。拆模时，将工具式螺栓取下，再以嵌缝材料及聚合物水泥砂浆螺栓凹槽封都严密，见图 4-3。

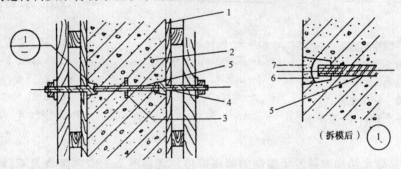

图 4-3 工具式螺栓的防水做法示意图
1—模板；2—结构混凝土；3—止水环；4—工具式螺栓；5—固定模板用螺栓；
6—嵌缝材料；7—聚合物水泥砂浆

(2) 螺栓加堵头做法

在结构两边螺栓周围做凹槽，拆模后将螺栓沿平凹底割去，再用膨胀水泥砂浆将凹槽封堵，见图 4-4。

(3) 螺栓加焊止水环做法

在对拉螺栓上部加焊止水环，止水环与螺栓必须满焊严密。拆模后应沿混凝土结构边缘将螺栓割断。此法将消耗所用螺栓，见图 4-5。

(4) 预埋套管加焊止水环做法

套管采用钢管，其长度等于墙厚（或其长工加上两端垫木的厚度之和等于墙厚），兼具撑头作用，以保持模板之间的设计尺寸。止水环在套管上满焊严密。支模时在预埋套管中穿入对拉螺栓拉紧固定模板。拆模后将螺栓抽出，套管内以膨胀水泥砂浆封堵密实。套管两端有垫木的，拆模时连同垫木一并拆除，除了密实封堵套管外，还应将两端垫木留下的凹坑用同样方法封实。此法可用于抗渗要求一般的结构，见图 4-6。

为了有效地保护钢筋和阻止钢筋的引水作用，迎水面防水混凝土的钢筋保护层厚度，不得小于 30mm。底板钢筋均不能接触混凝土垫层，结构内部设置的各种钢筋以及绑扎铁丝，均不得接触模板。

为了增强混凝土的均匀性，防水混凝土必须采用机械搅拌。觉拌时间不应小于 120s。掺外加剂时，应根据外加剂的技术要求确定搅拌时间。如加气剂防水混凝土搅拌时间应为 2～3min。防水混凝土在运输、浇筑过程中，为防止漏浆和离析，应严格做到分层连续进行，每层厚度不宜超过 300～400mm，两层浇筑的时间间隔一般不超过 2h，混凝土须用机械振捣密实。浇筑混凝土的自落高度不得超过 1.5m，否则应使用串筒、溜槽或溜管等工具进行浇筑，以防产生石子堆积，影响质量。

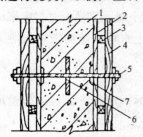 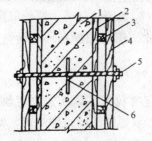 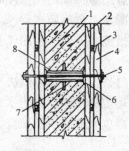

图 4-4　螺栓加堵头　　　　图 4-5　螺栓加焊止水环　　　图 4-6　预埋套管支撑示意
　　　作法示意图　　　　　　1—围护结构；2—模板；　　　1—防水结构；2—模板；
1—围护结构；2—模板；　　　3—小龙骨；4—大龙骨；　　　3—小龙骨；4—大骨龙；
3—小龙骨；4—大龙骨；　　　5—螺栓；6—止水环；　　　　5—螺栓；6—垫木；
5—螺栓；6—止水环；7—堵头　　　　　　　　　　　　　　7—止水环；8—预埋套管

　　施工缝是防水结构容易发生渗漏的薄弱部位，底板混凝土应连续浇筑不得留施工缝。墙体如必须留设水平施工缝时，其位置不应留在剪力与弯矩最大处或底板与侧壁交接处，一般应留在底板表面以上不小于 200mm 的墙身上。墙体设有孔洞时，施工缝距孔洞边缘不宜小于 300mm。如必须留设垂直施工缝时，应留在结构的变形缝处。施工缝部位应认真做好防水处理，使两层之间粘结密实和延长渗水线路，阻隔地下水的渗透。施工缝的形式有凸缝、高低缝、钢板止水板等，如图 4-7。

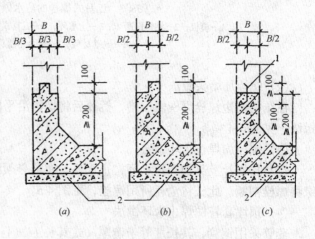

图 4-7　施工缝接缝形式
（a）凸缝；（b）高低缝；（c）钢板止水板
1—钢板止水板；2—底板

　　施工缝上下两层混凝土浇筑时间间隔不能太长，以免接缝处新旧混凝土收缩值相差过大而产生裂缝。在继续浇筑混凝土前，应将施工缝处松散的混凝土凿除，清理浮粒和杂物，用水冲洗干部，保持湿润，再铺 20～25mm 厚的水泥砂浆一层，所用材料和灰砂比应与混凝土中的砂浆相同。

　　防水混凝土结构内的预埋铁件、穿墙管道等部位，均为可能导致渗漏的薄弱之处，应采取措施，仔细施工。预埋铁件的防水做法如图 4-8 所示；穿墙管道防水处理如图 4-9 所示。防水混凝土浇筑后严禁打洞，因此，所有的预留孔和预埋件在混凝土浇筑前必须埋设准确。

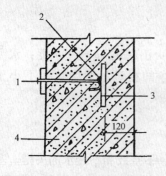

图 4-8 预埋件防水处理

1—预埋螺栓；2—焊缝；

3—止水钢板；4—防水混凝土结构

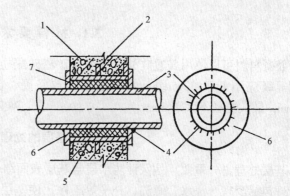

图 4-9 穿墙管道防水处理

1—防水结构；2—止水环；3—管道；4—焊缝；

5—预埋套管；6—封口钢板；7—沥青玛琋脂

　　防水混凝土的养护条件对其抗渗性有重要影响。因为防水混凝土中胶合材料用量较多，收缩性大，如养护不良，易使混凝土表面产生裂缝而导致抗渗能力降低。因此，在常温下，混凝土终凝后(一般浇筑后 4～6h)，就应在其表面覆盖草袋，并经常浇水养护，保持湿润，以防止混凝土表面水分急剧蒸发，引起水泥水化不充分，使混凝土产生干裂，失去防水能力。由于抗渗等级发展慢，养护时间比普通混凝土要长，故防水混凝土养护时间不少于 14d。

　　防水混凝土结构拆模时，必须注意结构表面与周围气温的温差不应过大（一般不大于15℃），否则会由于混凝土结构表面局部产生温度应力而出现裂缝，影响混凝土的抗渗性。拆模后应及时进行填土，以避免混凝土因干缩和温差产生裂缝，也有利于混凝土后期强度的增长和抗渗性提高。

课题3 水泥砂浆防水层施工

　　水泥砂浆防水层可分为：刚性多层做法防水层（或称普通水泥砂浆防水层）和掺外加剂的水泥砂浆防水层（常用外加剂有氯化铁防水剂、膨胀剂和减水剂等）两种，其构造做法如图 4-10 所示。

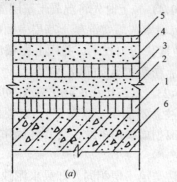
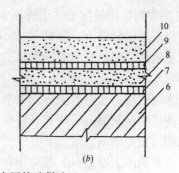

图 4-10 水泥砂浆防水层构造做法

（a）刚性多层做法防水层；（b）氯化铁防水砂浆防水层构造

1，3—素灰层；2，4—水泥砂浆层；5，7，9—水泥浆；6—结构基层；

8—防水砂浆垫层；10—防水砂浆面层

3.1 材料要求

胶凝材料可以使用普通硅酸盐水泥，矿渣硅酸盐水泥，火山灰质 硅酸盐水泥；水泥强度等级应不低于 32.5 级；骨料选用颗粒坚硬、粗糙洁净的粗砂，平均粒径不小于 0.5mm，最大粒径不大于 3mm。

3.2 基层的处理

基层处理十分重要，是保证防水层与基层表面结合牢固、不空鼓和不透水的关键。基层处理包括清理、浇水、刷洗、补平等工序，使基层表面保持潮湿、清洁、平整、坚实、粗糙。

3.2.1 混凝土基层的处理

新建混凝土工程，拆除模板后，用钢丝刷将混凝土表面刷毛，并在抹面前浇水冲刷干净；旧混凝土工程补做防水层时，需用钻子、剁斧、钢丝刷将表面凿毛，清理平整后再冲水，用棕刷刷洗干净；混凝土基层表面凹凸不平、蜂窝孔洞，应根据不同情况分别进行处理；超过 1cm 的棱角及凹凸不平处，应剔成慢坡形，并浇水清洗干净，用素灰和水泥砂浆分层找平；混凝土结构的施工缝要沿缝剔成八字形凹槽，用水冲洗后，用素灰打底，水泥砂浆压实抹平。

3.2.2 砖砌体基层的处理

对于新砌体，应将其表面残留的砂浆等污物清除干净，并浇水冲洗。对于旧砌体，要将其表面酥松表皮及砂浆等污物清理干净，至露出坚硬的砖面，并浇水冲洗。

基层处理后必须浇水湿润，这时保证防水层和基层结合牢固，不空鼓的重要条件。浇水要按次序反得出浇透。砖砌体要浇到砌体表面基本饱和，抹上灰浆后没有吸水现象为合格。

3.3 砂浆防水层施工

3.3.1 刚性多层防水层施工

(1) 混凝土墙面防水层

第一层（素灰层，厚 2mm，水灰比为 0.37～0.4）施工时先将混凝土基层浇水湿润后，抹一层 1mm 厚素灰，用铁抹子往返抹压 5～6 遍，使素灰填实混凝土基层表面的空隙，以增加防水层与基层的粘结力。随即再抹 1mm 厚的素灰均匀找平，并用毛刷横向轻轻刷一遍，以便打乱毛细通路，并有利于和第二层结合。在其初凝期间做第二层。

第二层（水泥砂浆层，厚 4～5mm，灰砂比 1:25，水灰比 0.6～0.65）在初凝的第一层上轻轻抹压水泥砂浆，使砂粒能压入素灰层（但注意不能压穿素灰层），以便两层间结合牢固，在水泥砂浆层初凝前，用扫帚将砂浆层表面扫成横向条纹，待其终凝并具有一定强度后（一般隔一夜）做第三层。

第三层（素灰层，厚 2mm）的作用和操作方法与第一层相同。如果水泥砂浆层在硬化过程中析出游离的氢氧化钙形成白色薄膜时，需刷洗干净，以免影响粘结。

第四层（水泥砂浆层，厚 4～5mm）的作用与第二层作用相同，按照第二层做法抹水泥砂浆。在水泥砂浆硬化过程中，用铁抹子分次抹压 5～6 遍，以增加密实性，最后再压光。

第五层（水泥浆层，厚 1mm），当防水层在迎水面时，则需在第四层水泥砂浆抹压两遍后，用毛刷均匀涂刷水泥浆一道，随第四层一并压光。

（2）砌体墙面的防水层

素灰层，厚 2mm。先抹一道 1mm 厚素灰，用铁抹子往返用和刮抹，使素灰填实基层表面的孔隙。随即在已刮抹过素灰的基层表面再抹一道厚 1mm 的素在找平层，抹完后，用湿毛刷在素灰层表面按顺序涂刷一遍。

第一层　水泥砂浆层，厚 6~8mm。在素灰层初凝时抹水泥砂浆层，要防止素灰层过软或过硬，过软会将素灰层破坏；过硬则粘结不良，要使水泥砂浆薄薄压入素灰层厚度的 1/4 左右。抹完后，在水泥砂浆凝时用扫帚按顺序向一个方向扫出横向条纹。

第二层　水泥砂浆层，厚 6~8mm。按照第一层的操作方法将水泥砂浆抹在第一层上，抹后在水泥砂浆凝固前水分蒸发过程中，分次用铁抹子压实，一般以抹压 2~3 次为宜，最后再压光。

3.3.2　特殊部位的施工

（1）结构阴阳角处的防水层，均需抹成圆角，阴角直径 5cm，阳角直径 1cm。

（2）防水层的施工缝需留留斜坡价梯形槎，槎子的搭接要依照层次操作顺序层层搭接。留槎的位置一般留在地面上，亦可留在墙面上所留的槎子均需离阴阳角 20cm 以上。防水层的施工缝必须留阶梯形槎，其接槎层次要分明，不允许水泥砂浆和水泥砂浆搭接，而应先在阶梯坡形接槎处均匀涂刷水泥一层，以保证接槎处不透水，然后依照层次操作顺序层层搭接。抹完后，要做好养护工作，养护时间一般不少于 14d。

课题 4　卷材防水层施工

卷材防水层适用于受侵蚀性介质作用，或受振动作用的地下工程需防水的结构。

4.1　基层与材料要求

地下工程的卷材防水层，要求防水部位的结构具有足够的坚固性，能够为卷材防水层同防水结构共同工作提供条件。若结构基层不坚固，则卷材防水层容易在外力作用下产生变形、开裂，影响防水效果。因此，卷材防水层适用于铺贴在整体的混凝土结构基层上，以及铺贴在整体的水泥砂浆等找平层上。

铺贴卷材的基层表面必须牢固平整、清洁干净。转角处应做成圆弧形或钝角。卷材铺贴前宜使基层表面干燥。在垂直面上铺贴卷材时，为提高卷材与基层的粘结，应满涂冷底子油；而在平面上，由于卷材防水层上面压有底板或保护层，不会产生滑脱或流淌现象，因此可以不涂刷冷底子油。

地下防水使用的卷材要求抗拉强度高，延伸率大，具有良好的韧性和不透水性，膨胀率小且有良好的耐腐蚀性，尽量采用品质优良的沥青卷材或新型防水卷材如高聚物改性沥青防水卷材、合成高分子防水卷材。

4.2　卷材防水层施工

地下防水工程一般把卷材防水层设置在建筑结构的外侧，称为外防水。它与卷材防水层设在结构内侧的内防水相比较，具有以下优点：外防水的防水层在迎水面，受压力水的作用紧压在结构上，防水效果良好。而内防水的卷材防水层在背水面，受压力水的作用容易局部脱开。外防水造成渗漏机会比内防水少。因此，一般多采用外防水。

外防水有两种设置方法，即"外防外贴法"和"外防内贴法"。

4.2.1 外防外贴法

外防外贴法是将立面卷材防水层直接铺设在需防水结构的外墙外表面,如图4-11所示。

外贴法的施工程序是：先浇筑需防水结构的底面混凝土垫层；在垫层上砌筑永久性保护墙，墙下铺一层干油毡；墙的高度不小于需防水结构底板厚度再加100mm；在永久性保护墙上用石灰砂浆接砌临时保护墙，墙高为300mm；在永久性保护墙上抹1:3水泥砂浆找平层，在临时保护墙上抹石灰砂浆找平层，并刷石灰浆；如用模板代替临时性保护墙，应在其上涂刷隔离剂；待找平层基本干燥后，即可根据所选卷材的施工要求进行铺贴；在大面积铺贴卷材之前，应先在转角处粘贴一层卷材附加层，然后进行大面积铺贴，先铺平面、后铺立面。

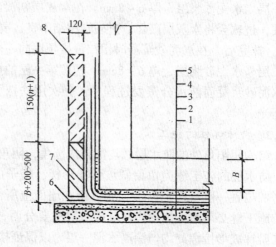

图 4-11 外贴法
1—垫层；2—找平层；3—卷材防水层；
4—保护层；5—构筑物；6—油毡；
7—永久性保护墙；8—临时性保护墙

在垫层和永久性保护墙上应将卷材防水层空铺，而在临时保护墙（或模板）上应将卷材防水层临时贴附，并分层临时固定在其顶端；浇筑需防水结构的混凝土底板和墙体；主体结构完成后，铺贴立面卷材时，应先将接掩蔽部位的各层卷材揭开，并将其表面清理干净，如卷材有局部损伤，应及时进行修补。卷材接槎的搭接长度，高聚物改性沥青卷材为150mm，合成高分子卷材各100mm。当使用两层卷材时，卷材应错掩蔽接缝，上层卷材应盖过下层卷材。砌筑永久保护墙，并每隔5~6m及在转角处断开，断开的缝中填以卷材条或沥青麻丝；保护墙与卷材防水层之间的空隙应随砌随以砌筑砂浆真实，保护墙完工后方可回填土。

卷材的甩槎、接缝做法如图4-12。

4.2.2 外防内贴法

外防内贴法是浇筑混凝土垫层后，在垫层上将永久保护墙全部砌好，将卷材防水层铺巾在垫层和永久保护墙上，如图4-13所示。

内贴法施工顺序是：在混凝土底板垫层做好后，先在四周砌筑铺贴卷材防水层用的永久性保护墙，在垫层和保护墙上抹水泥砂浆找平层，待找平层干燥后，涂刷冷底子油一道，然后铺贴卷材防水层。为了便于施工操作，且避免在铺贴墙面卷材时，使底板面的卷材防水层遭受损伤，应先贴重点面，后贴水平面。贴墙面卷材时，应先贴转角，后贴大面。铺贴完毕，转角的卷材铺贴做法如图4-14所示。再做卷材防水层的保护层。垂直面的保护层做法是：在墙面上涂刷防水层的最后一层沥青胶结材料时，趁热粘上干净的热砂或散麻丝，使防水层表面粗糙，冷却后随即铺抹一层 10～20mm 厚的 1:3 水泥砂浆保护层；水平面上卷材防水层的保护层做法，与外贴法时相同。保护层做完以后，再进行构筑物的底板与墙身施工。

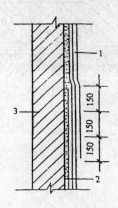

图 4-12 阶梯形接缝
1—卷材防水层；2—找平层；
3—待施工的地下构筑物

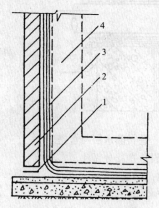

图 4-13 内贴法施工示意图
1—平铺油毡层；2—砖保护墙；
3—卷材防水层；4—墙体结构

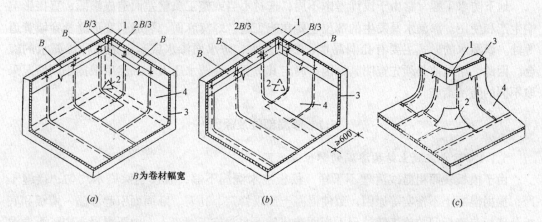

B 为卷材幅宽

(a) (b) (c)

图 4-14 转角的卷材铺贴法
（a）阴角的第一层卷材铺贴法；（b）阴角的第二层卷材铺贴法；（c）阳角的第一层卷材铺贴法
1—转折处卷材附加层；2—角部附加层；3—找平层；4—卷材

4.3 特殊部位的防水处理

4.3.1 管道埋设件处防水处理
管道埋设件与卷材防水层连接处做法如图 4-15 所示。

4.3.2 变形缝
在变形缝处应增加沥青玻璃丝布油毡或无胎油毡做的附加层。在结构厚度的中央埋设止水带，止水带的中心圆环环应正对变形缝中间。变形缝中用浸过沥青的木丝板填塞，并用油膏嵌缝如图 4-16 所示。

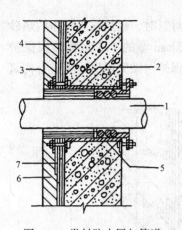

图 4-15　卷材防水层与管道
埋设件连接处做法
1—管道；2—套管；3—夹板；
4—卷材防水层；5—填缝材料；6—保
护墙；7—附加卷材层衬垫

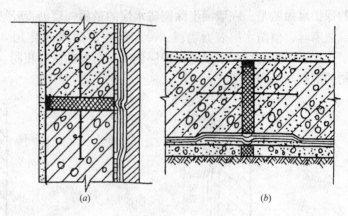

图 4-16　变形缝处防水做法
（a）墙体变形缝；（b）底板变形缝

课题5　地下防水工程渗漏及防治方法

地下防水工程常常由于设计考虑不周，选材不当或施工质量差而造成渗漏，直接影响响生产和使用。渗漏水易发生的部位主要在施工缝、蜂窝麻面、裂缝、变形缝及穿墙管道等处。渗漏水的形式主要有孔洞漏水、裂缝漏水、防水面渗水或是上述几种渗漏水的综合。因此，堵漏前必须先查明其原因，确定其位置，弄清水压大小，然后根据不同情况采取不同的防治措施。

5.1　渗漏部位及原因

5.1.1　防水混凝土结构渗漏的部位及原因

由于模板表面粗糙或清理不干净，模板浇水湿润不够，脱模剂涂刷木均匀，接缝不严，振揭混凝土不密实等原因，致使混凝土出现蜂窝、孔洞、麻面而引起渗漏。墙板和底板及墙板与墙板间的施工缝处理不当而造成地下水沿施工缝渗入。由于混凝土中砂石含泥量大，养护不及时等，产生于缩和温度裂缝而造成渗漏。混凝土内的预埋件及管道穿墙处未作认真处理而致使地下水渗入。

5.1.2　卷材防水层渗漏部位及原因

由于保护墙和地下工程主体结构沉降不同，致使粘在保护墙上的防水卷材被撕裂而造成漏水。卷材的压力和搭接接头宽度不够，搭接不严，结构转角处卷材铺贴不严实，后烧或后砌结构时卷材被破坏，或由于卷材韧性较差，结构不均匀沉降而造成卷材被破坏，也会产生渗漏，另外还有管道处的卷材与管道粘结不严，出现张口翘边现象而引起渗漏。

5.1.3　变形缝处渗漏原因

止水带固定方法不当，埋设位置不准确或在浇筑混凝土时被挤动，止水带两翼的混凝土包裹不严，特别是底板止水带下面的混凝土振揭不实；钢筋过密，浇筑混凝土时下料和振捣不当，造成止水带周围骨料集中、混凝土离析，产生蜂窝、麻面；混凝土分层浇筑前，止水带周围的木屑杂物等未清理干净，混凝土中形成薄弱的夹层，均会造成渗漏。

5.2 堵 漏 技 术

堵漏技术就是根据地下防水工程特点，针对不同程度的渗漏水情况，选择相应的胶结材料和堵漏方法，进行防水结构渗漏水处理。在拟定处理渗漏水措施时，应本着将大漏变小漏、片漏变孔漏，线漏变点漏，使漏水部位汇集于一点或数点，最后堵塞的方法进行。

对防水混凝土工程的修补堵漏，通常采用的方法是用促凝剂和水泥拌制而成的快凝水，泥胶浆，进行快速堵漏或大面积修补。近年来，采用膨胀水泥（或掺膨胀剂）作为防水修补材料，其抗渗堵漏效果更好。对混凝土的微小裂缝，则采用化学灌浆堵漏技术。

5.2.1 快硬性水泥胶浆堵漏法

（1）堵漏材料

1）促凝剂。促凝剂是以水玻璃为主，并与硫酸铜、重铬酸钾及水配制而成。配制时按配合比先把定量的水加热至100℃，然后将硫酸铜和重铬酸钾倒入水中，继续加热并不断搅拌至完全溶解后，冷却至30～40℃，再将此溶液倒入称量好的水玻璃液体中，搅拌均匀，静置半小时后就可使用。

2）快凝水泥胶浆。快凝水泥胶浆的配合比是水泥∶促凝剂为1∶（0.5～0.6）。由于这种胶浆凝固快（一般1min左右就凝固），使用时，注意随拌随用。

（2）堵漏方法

地下防水工程的渗漏水情况比较复杂，堵漏的方法也较多。因此，在选用时要因地制宜。常用的堵漏方法有堵塞法和抹面法。

1）堵塞法

堵塞法适用于孔洞漏水或裂缝漏水时的修补处理。孔洞漏水常用直接堵塞法和下管堵漏法。直接堵塞法适用于水压不大，漏水孔洞较小，操作时，先将漏水孔洞处剔槽，槽壁必须与基面垂直，并用水刷洗干净，随即将配制好的快凝水泥胶浆捻成与槽尺寸相近的锥形团，在胶浆开始凝固时，迅速压入槽内，并挤压密实，保持半分钟左右即可。

当水压力较大或漏水孔洞较大时，可采用下管堵漏法，如图4-17所示。孔洞堵塞好后，在胶浆表面抹素灰一层，砂浆一层，以作保护。待砂浆有一定的强度后，将胶管拔出，按直接堵塞法将管孔堵塞。最后拆除挡水墙，再做防水层。裂缝漏水的处理方法有裂缝直接堵塞法和下绳堵漏法。裂缝直接堵塞法适用于水压较小的裂缝漏水，操作时，沿裂缝剔成八字形坡的沟槽，刷洗干净后，用快凝水泥胶浆直接堵塞，经检查无渗水，再做保护层和防水层。当水压力较大，裂缝较长时，可采用下绳堵漏法，如图4-18。

2）抹面法

抹面法适用于较大面积的渗水面，一般先降低水压或降低地下水位，将基层处理好，然后用抹面法做刚性防水层修补处理。先在漏水严重处用凿子剔出半贯穿性孔眼，插入胶管将水导出。这样就使"片渗"变为"点漏"，在渗水面做好刚性防水层修补处理。待修补的防水层砂浆凝固后，拔出胶管，再按"孔洞直接堵塞法"将管孔堵填好。

5.2.2 化学灌浆堵漏法

（1）灌浆材料

1）氰凝

氰凝的主体成分是以多异氰酸酯与含羟基的化合物（聚酯、聚醚）制成的预聚体。使用前，在预聚体内掺入一定量的副剂（表面活性剂、乳化剂、增塑剂、溶剂与催化剂等），搅拌均匀即配制成氰凝浆液。氰凝浆液不遇水不发生化学反应，稳定性好；当浆液灌入漏水部位后，立即与水发生化学反应，生成不溶于水的凝胶体；同时释放二氧化碳气体，使浆液发泡膨胀，向四周渗透扩散直至反应结束。

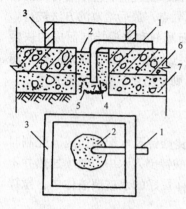

图 4-17 下管堵漏法图
1—胶皮管；2—快凝胶浆；3—挡水墙；
4—油毡一层；5—碎石；
6—构筑物；7—垫层

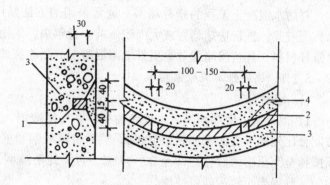

图 4-18 下绳堵漏法
1—小绳（导水用）；2—快凝胶浆填缝；
3—砂浆层；4—暂留小孔

2）丙凝

丙凝由双组分（甲溶液和乙溶液）组成。甲溶液是丙烯酸肢和 N－N′一甲撑双丙烯酸胶及 β-二甲铵基丙晴的混合溶液。乙溶液是过硫酸的水溶液。两者混合后很快形成不溶于水的高分子硬性凝胶，这种凝胶可以封密结构裂缝，从而达到堵漏的目的。

（2）灌浆施工

灌浆堵漏施工，可分为对混凝土表面处理、布置灌浆孔、埋设灌浆嘴、封闭漏水部位、压水试验、灌浆、封孔等工序。灌浆孔的间距一般为 1m 左右，并要交错布置；灌浆嘴的埋设如图 4-19 所示；灌浆结束，待浆液固结后，拔出灌浆嘴并用水泥砂浆封固灌浆孔。

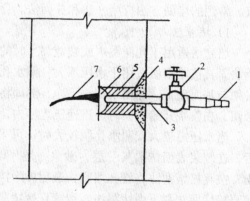

图 4-19 埋入式灌浆嘴埋设方法
1—进浆嘴；2—阀门；3—灌浆嘴；
4—层素灰一层砂浆长平；5—快硬水泥浆；
6—半圆铁片；7—混凝土墙裂缝

课题 6 地下防水工程的质量标准与检验

地下防水工程为一个子分部工程，为了保证地下防水工程的质量，应按工序或分项进行验收。构成分项工程的检验批应按主控项目、一般项目进行。

6.1 地下防水工程隐蔽工程验收的主要内容

(1) 卷材、涂料防水层的基层；
(2) 防水混凝土结构和防水层被掩盖的部位；
(3) 变形缝、施工缝等防水构造的做法；
(4) 管道设备穿过防水层的封固部位；
(5) 渗排水层、盲沟和坑槽。

6.2 地下防水工程质量标准

6.2.1 防水工程的质量要求

(1) 防水混凝土的抗压强度和抗渗压力必须符合设计要求；
(2) 防水混凝土应密实，表面应平整，不得有露筋、蜂窝等缺陷；裂缝宽度应符合设计要求；
(3) 水泥砂浆防水层应密实、平整、粘结牢固，不得有空鼓、裂纹、起砂、麻面等缺陷；防水层厚度应符合设计要求；
(4) 卷材接缝应粘结牢固、封闭严密，防水层不得有损伤、空鼓、皱折等缺陷；
(5) 涂层应粘结牢固，不得有脱皮、流淌、鼓泡、露胎、皱折等缺陷；涂层厚度应符合设计要求；
(6) 塑料板防水层应铺设牢固、平整，搭接焊缝严密，不得有焊穿、下垂、绷紧现象；
(7) 金属板防水层焊缝不得有裂纹、未熔合、夹渣、焊瘤、咬边、烧穿、弧坑、针状气孔等缺陷；保护涂层应符合设计要求；
(8) 变形缝、施工缝、后浇带、穿墙管道等防水构造应符合设计要求。

6.2.2 排水工程的质量要求

(1) 排水系统不淤积、不堵塞，确保排水畅通；
(2) 反滤层的砂、石粒径、含泥量和层次排列应符合设计要求；
(3) 排水沟断面和坡度应符合设计要求。

6.3 地下防水工程主控项目、一般项目检验

6.3.1 混凝土结构自防水

防水混凝土质量检验的项目、要求和检验方法见表4-2。

防水混凝土质量检验 表4-2

	检验项目及要求	检验方法
主控项目	1.防水混凝土的原材料、配合比及坍落度必须符合设计要求	检查出厂合格证、配合比和现场抽样复验报告
	2.防水混凝土的抗压强度和抗渗压力必须符合设计要求	检查试块试验报告
	3.防水混凝土的变形缝、施工缝、后浇带、穿墙管道、预埋件等的设置和构造必须符合设计要求，严禁有渗漏	观察检查和检查隐蔽工程验收记录

检 验 项 目 及 要 求	检 验 方 法
一般项目	1. 防水混凝土表面应坚实、平整，不得有露筋、蜂窝等缺陷；预埋件位置准确	观察检查和尺量检查
	2. 防水混凝土表面的裂缝宽度不应大于 0.2mm，且不得贯通	观察检查和尺量检查
	3. 防水混凝土结构厚度不应小于 250mm；允许偏差为 + 15mm、− 10mm；迎水面保护层厚度不应小于 50mm，允许偏差为 ± 10mm	观察检查和尺量检查

6.3.2 卷材地下防水

卷材防水层的施工质量检验数量，应按照铺贴面积每 100m² 抽查 1 处，每处 10m²，且不得少于 3 处。

（1）主控项目

1）卷材防水层所用卷材及主要配套材料必须符合设计要求。

2）卷材防水层及其转角处、变形缝、穿墙管道等细部构造做法均需符合设计要求。

（2）一般项目

1）卷材防水层的基层应牢固，基层表面应洁净平整，不得有空鼓、松动、起砂和脱皮现象；基层阴阳角处应做成圆弧形。

2）卷材防水层的搭接缝应粘（焊）牢固、密封严密、并不得有皱折、翘边和鼓泡等缺陷。

3）侧墙卷材防水层的保护层与防水层应粘贴牢固，结合紧密、厚度均匀一致。

4）卷材搭接宽度允许偏差为 − 10mm。

6.4 渗漏检验

根据《建筑工程施工质量验收统一标准》GB50300—2001 的规定，对涉及结构安全及使用功能的重要分部（子分部）工程应进行抽样检测。地下防水工程验收时，应检查地下工程有无渗漏。

复习思考题

1．地下室的一般构造组成有哪些？

2．防水混凝土是通过哪些措施达到防水目的的？

3．防水混凝土施工中应注意哪些问题？

4．地下卷材防水的铺贴方案各有什么特点？主要施工工艺是什么？

5．试述地下防水工程常发生渗漏的部位及原因，常用的堵漏技术有哪些？

6．地下防水工程隐蔽工程验收的主要内容有哪些？

单元 5　防水工程季节施工及安全技术

知识点：　了解季节（冬期、雨期）的含义及其季节性防水工程施工的规定，熟悉季节期施工过程中的技法及其内在规律，熟悉季节施工期间的安全技术；掌握季节期防水工程施工方案及其施工工艺，特别是细部处理。

许多工程项目在建设过程中不可避免地要经历各种气候和季节，这其中冬期与雨期是最让工程建设者感到棘手的。只有选择合理的施工方案，周密的组织计划，才能保证工程质量，使工程顺利进行下去，取得较好的技术经济效果。

一般工业与民用建筑的屋面防水，在负温条件下（一般是在最低温度 – 20℃以内）进行施工时，应采取冬期施工措施。

由于受到环境的影响，冬期施工期间经常发生质量事故，且有些事故的发生具有隐蔽和滞后性。冬期施工，到了春季才暴露出来。鉴于冬期施工对工程的经济效益和安全生产影响较大，因此必须严格遵守以下规则：保证质量、安全生产、经济合理、节约能源。

课题 1　防水工程季节性施工

1.1　屋面防水工程冬期施工

屋面防水工程施工前，施工单位应组织技术管理人员会审屋面工程图纸，掌握施工图中的细部构造及有关技术要求，并根据实际情况和冬期施工的气温环境编制屋面防水的施工方案或技术措施。

材料进入施工现场后，施工单位应按规定抽样复试，经复试合格，提出复试报告方可在防水工程中应用。严禁在工程中使用不合格的防水材料。

1.1.1　卷材防水屋面冬期施工

卷材是建筑防水材料中的主导产品，占防水材料总用量的 80% 左右，它包括沥青防水卷材、高聚物改性沥青防水卷材与合成高分子防水卷材等三大系列产品。

（1）沥青防水卷材施工

纸胎石油沥青油毡不宜在负温条件下施工，如必须在负温施工时，则应严格控制沥青胶的配合比、熬制温度、使用温度，同时还应对贮运沥青胶的容器采取保温或加热以及对油毡进行解冻保暖等措施，以确保沥青胶的施工温度和油毡开卷时不产生裂纹，使沥青卷材防水层的冬期施工质量达到常温施工的质量要求。

1）冬期施工准备

A. 沥青油毡在使用前应移入温度高于15℃的室内或暖棚中进行解冻保温，时间应不少于48h，以保证开卷温度高于10℃以上。在温室内按所需长度下料，并反卷成卷，保温运到现场，随用随取，以防因低温脆硬折裂。

B. 热沥青胶的配制

粘结各层沥青油毡、粘结绿豆砂保护层采用的热沥青胶的标号应根据屋面的使用条件、坡度和当地历年极端最高气温，按表 5-1 选定。

热沥青胶选用标号 表5-1

材料名称	屋面坡度	历年极端最高气温	沥青胶标号
热沥青胶	2%～3%	小于38℃	S—60
		38～41℃	S—65
		41～45℃	S—70
	3%～15%	小于38℃	S—65
		38～41℃	S—70
		41～45℃	S—75
	15%～25%	小于38℃	S—75
		38～41℃	S—80
		41～45℃	S—85

C. 在配制热沥青胶时，可掺入 10%～25% 的粉状填充料或 5%～10% 的纤维状填充料。填充料宜采用滑石粉、板岩粉、云母粉、石棉粉等。

D. 配制方法是将沥青按配比用量投入锅中熔化脱水至不再起沫后，在搅拌的条件下，慢慢加入经过预热干燥处理的粉状或纤维状填充料。沥青胶的加热温度不应高于240℃，使用温度不应低于190℃。为此，应对沥青胶的贮运容器进行保温或在施工现场进行二次加温以确保其满足冬期的施工要求。

2）冬期施工要点

A. 为提高沥青防水卷材与基层的粘结能力，宜在干净、干燥的基层表面上涂刷基层处理剂（俗称冷底子油）。基层处理剂一般由 30～40 份 30 号建筑石油沥青溶解于 70～60 份（重量比）汽油中制成。施工时可用长把滚刷蘸取基层处理剂，均匀涂刷在基层表面上，干燥 12h 以上，才能进行铺贴卷材防水层的施工。

B. 沥青卷材屋面防水冬期施工，应选择有太阳照射，日间较高的气温时间内进行。铺贴卷材一般采用浇油法，即用带保温的油壶将 190～240℃ 的热沥青胶左右来回在经过解冻保温处理的卷材前浇油，浇油宽度比卷材每边少的 10～20mm，边浇油边滚铺卷材，并使卷材两边有少量沥青胶挤出，控制沥青胶的厚度在 1～1.5mm 之间。铺贴卷材时，应沿基准线滚铺，以避免铺斜或扭曲。卷材应存放在 15℃ 以上的保温的室内，铺贴时应随用随取，以防变冷开卷脆裂，影响防水工程质量。

3）保护层的施工

A. 用绿豆砂作保护层时，应将冲洗干净的粒径为 3～5mm 的绿豆砂，放在铁锅或钢板上烤干并预热至 100～120℃。在清扫干净的卷材防水层表面上涂刷 190～240℃ 的热沥青胶，控制沥青胶的厚度在 2～3mm 之间，立即趁热铺撒预热的绿豆砂。绿豆砂应铺撒均匀并随即进行滚压，使其粒径的一半左右镶嵌到热沥青胶中，对未粘结的绿豆砂应及时用竹扫把清扫干净。

B. 用水泥砂浆作保护层时，应用掺防冻外加剂的 1:2.5～1:3（体积比）水泥砂浆，水泥强度等级不应低于 42.5，砂浆厚度不小于 20mm，表面应抹平压光，并要设置表面分格缝，分格面积宜为 1m² 左右。同时还要留置分格缝，分格缝的纵横间距不宜大于 6m。砂浆保护层完工后，白天应覆盖黑色塑料布养护，晚间再加盖草帘子等进行保温养护。

C. 用细石混凝土作保护层时，混凝土中应掺冻外加剂，拌制混凝土的用水及砂，石宜进行加热，浇捣混凝土时，其温度应在 10℃ 以上。混凝土的强度等级不应低于 C15，混凝土应振捣密实，表面抹平压光，并留设分格缝，分格缝的纵横间距不宜大于 6m。其养护方法与砂浆保护层相同。

D. 用块体材料作保护层时，块体材料宜用掺防冻外加剂的保温砂浆铺砌，表面应平整，并留设分格缝，分格缝宽度不宜小于 20mm，分格缝的纵横间距不宜大于 10m。

（2）高聚物改性沥青防水卷材施工

高聚物改性沥青防水卷材的低温柔性好，一般适宜于在 -10℃ 左右的气温环境下，采用热熔法进行施工作业，其防水工程质量可以达到常温施工的质量要求。

1）冬期施工要点

A. 配制和涂刷基层处理剂的方法与沥青防水卷材的施工要求相同。

B. 冬期施工宜采用热熔法作业，施工时可按卷材的配置方案，把卷材展铺在预定的位置上，将卷材末端用火焰加热器加热熔融涂盖层，并粘贴固定在预定的基层表面上，然后把卷材的其余部分重新卷成一卷，再用火焰加热器对准卷材与基层表面的夹角（如图 5-1），均匀加热卷材表面的高聚物改性沥青涂盖层至开始熔化并呈光亮黑色状态时，即可边加热边滚铺卷材，滚铺时应排除卷材与基层之间的空气，使之平展并粘结牢固，卷材的搭接缝边缘以均匀地挤出少量热熔的改性沥青为宜。如为上下两层卷材组成防水层时，上层卷材的接缝必须与下层卷材的接缝错开 1/3～1/2 幅宽，以确保防水工程质量。上层卷材的铺贴方法与下层卷材的铺贴方法相同。

2）保护层的施工

保护层的施工方法与沥青卷材防水层的保护层做法基本相同。不同之处是不做绿豆砂保护层，但可采用溶剂型浅色涂料作保护层。其施工顺序是在卷材防水层铺贴完毕，经检验合格和清扫干净后，采用长把滚刷均匀涂刷与卷材相容的溶剂型浅色涂料。涂刷时要求涂膜厚薄均匀，不允许有露底或堆积的现象存在，并应与卷材防水层粘结牢固。

如高聚物改性沥青防水卷材本身为页岩片或铝箔覆面时，这种防水层不必另做保护层。

（3）合成高分子防水卷材施工

合成高分子防水卷材一般具有耐老化、耐热性、低温柔性较好以及拉伸强度较高、断裂

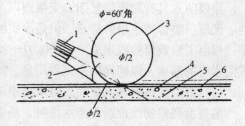

图 5-1　熔焊火焰与成卷卷材和
基层表面的相对位置
1—喷嘴；2—火焰；
3—成卷的卷材；4—水泥砂浆找平层；
5—混凝土垫层；6—卷材防水

延伸率较大、对基层伸缩或开裂变形的适应性较强并可在较低气温条件下进行施工的特点，因此在国内外发展很快。

1）冬期施工要点

A. 在干净干燥的基层表面上涂刷与合成高分子卷材相容的基层处理剂。一般是将聚氨酯防水涂料的甲料、乙料和二甲苯按 1:1.5:3 的比例配合，搅拌均匀，再用长把滚刷蘸取这种混合料，均匀涂刷在基层表面上，涂刷时不得漏刷，也不允许有堆积现象，待基层处理剂完全固化干燥（一般 4h 以上）后，才能铺贴卷材；也可以采用喷浆机压力喷涂含固量为 40%、pH 值为 4、黏度为 10cp 的氯丁胶乳处理基层，喷涂时要求厚薄均匀一致，并需干燥 12h 以上，方可铺贴卷材。基层处理剂的用量在 $0.2 \sim 0.3 kg/m^2$ 之间。

B. 涂刷基层胶粘剂时，先将与卷材相容的专用配套胶粘剂搅拌均匀，方可进行涂布施工在卷材表面涂刷胶粘剂：将合成高分子卷材展开摊铺在平坦干净的基层上，用长把滚刷蘸取已经搅拌均匀的基层胶粘剂，均匀涂刷在卷材表面上，涂刷时不得漏涂，也不允许堆积，且不能往返多次涂刷。但搭接部位的长边和短边各 80mm 处不涂刷基层胶粘剂（图 5-2），涂胶后静置

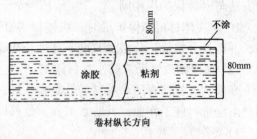

图 5-2　卷材涂胶部位

20min 左右，待胶膜基本干燥，指触不粘时，即可进行铺贴施工。

在基层表面涂刷胶粘剂：用长把滚刷蘸取胶粘剂，均匀涂刷在基层处理剂已完全干燥和清扫干净的基层表面上，涂胶后静置 20min 左右，待指触基本不粘时，即可进行铺贴卷材施工。

2）保护层的施工

保护层的施工方法与高聚物改性沥青卷材防水层的保护层做法相同。如合成高分子防水卷材本身为浅色或彩色覆面时，这种防水层不必另做保护层。

1.1.2　涂膜防水屋面冬期施工

涂膜防水具有对形状复杂、变截面以及设施较多的屋面，容易施工并能形成连续、弹性、无缝、整体防水层的特点，但是涂膜的厚度却很难做到均匀一致。因此，施工时需按照《屋面工程质量验收规范》GB 50207—2002 的要求，精心操作，严格控制使用范围和涂膜防水层的厚度，以确保防水工程质量。

（1）溶剂型高聚物改性沥青防水涂膜施工

溶剂型高聚物改性沥青防水涂料，是以合成高分子聚合物改性石油沥青为基料，溶解于有机溶剂中制成的防水涂料，可在最低气温 –10℃ 以内进行施工。该涂料与聚酯纤维无纺布或玻璃纤维网格布等胎体增强材料复合铺粘在屋面上，经干燥固化形成无缝、整体的涂膜防水层。

1）冬期施工要点

采用溶剂型高聚物改性沥青防水涂料作涂膜防水层时，宜选用"两布六涂"其工艺流程如下：

清理基层 ⟶ 涂刷基层处理 $\xrightarrow[4h]{表干}$ 涂刷第一遍涂料 $\xrightarrow[24h]{实干}$ 涂刷第二遍涂料 $\xrightarrow{紧接}$ 铺贴第一层胎体增强材料 $\xrightarrow[4h]{实干}$ 涂刷第三遍

涂料 $\xrightarrow[24h]{实干}$ 涂刷第四遍涂料 $\xrightarrow{紧接}$ 铺贴第二层胎体增强材料 $\xrightarrow[4h]{表干}$ 涂刷第五遍涂料 $\xrightarrow[24h]{表干}$ 涂刷第六遍涂料 $\xrightarrow[48h]{实表干}$ 做保护层。

A. 把不符合设计要求的基层表面的尘土杂物认真清扫干净。如遇砂浆疙瘩等突起物亦应铲除并清理干净。

B. 在干净、干燥的基层表面上涂刷与溶剂型高聚物改性沥青防水涂料相容 的基层处理剂。一般是将溶剂型高聚物改性沥青防水涂料与汽油按 1:1（重量比）稀释，经搅拌溶解均匀后，再用长把滚刷蘸取这种经过稀释处理的防水涂料，均匀地涂刷在基层表面上进行基层处理。涂刷时不得漏刷，也不允许有堆积的现象存在，待基层处理剂完全干燥固化后（一般须 4h 以上），才能进行下道工序施工。

C. 把防水涂料搅拌均匀，用滚刷均匀涂刷第一遍涂料，经 24h 干燥至指触基本不粘时，再用同样方法涂刷第二遍涂料，紧接着铺贴第一层胎体增强材料，铺贴时边铺贴边用橡胶刮 板将其刮平，排除气泡，并使涂料浸透胎体增强材料，经表干 4h 后，再涂刷第三遍涂料。

第三遍涂料实干后再用同样方法涂刷后三遍涂料和铺贴第二层胎体增强材料。"两布六涂"完成后涂膜总厚度不应小于规范规定的 3mm。

2) 保护层施工

当涂膜总厚度达到 3mm，并经完全干燥后即可进行保护层施工。在采用细砂、云母或蛭石等撒布材料作保护层时，可在涂刷最后一遍涂料过程中，边涂刷涂料边撒布已筛除粉料的撒布材料，撒布时应均匀，不得露底。当涂料干燥后，应将未粘牢的多余的撒布料清除干净。

在采用砂浆、块材或细石混凝土作保护层时，其施工方法与卷材防水的保护层做法相同。

(2) 聚氨酯防水涂膜施工

聚氨酯涂膜防水材料是双组分化学反应固化型的高弹性防水涂料，甲乙两个组分按一定比例配合搅拌均匀，涂布在基层表面上，经常温交联固化，形成一种没有接缝、具有橡胶状高弹性的整体涂膜防水层。

1) 冬期施工要点

A. 涂膜混合材料的配制：将聚氨酯甲料、乙料和二甲苯按 1:1.5:（0.1～0.2）比例配合，注入拌料桶中，用电动搅拌器强力搅拌均匀备用。混合料应随用随配，配制好的混合料宜于 2h 内用完。

B. 涂膜防水层的涂布施工：用长把滚刷蘸取配制好的聚氨酯混合料，顺序涂布在基层处理剂已固化且干净的基层表面上，涂布时应厚薄均匀一致。在前一道涂膜固化至指触基本不粘时才能涂布下道涂膜。一般平面以涂布 3～4 遍为宜，每遍涂布量 0.6～0.8kg/m²；立面以涂布 4～5 遍为宜，每遍涂布量为 0.5～0.6kg/m²。涂膜防水层的总厚度不应小于 2mm。

2) 保护层的施工

保护层与溶剂型高聚物改性沥青防水涂膜保护层的施工方法相同。

1.1.3 刚性防水屋面冬期施工

刚性防水层面主要适用于防水等级为Ⅲ级的屋面防水层，也可用作Ⅰ、Ⅱ级屋面多道防水设防中的一道防水层；不适用于设有松散保温层的屋面以及受震动或冲击的建筑屋面防水。

(1) 刚性防水屋面的一般要求

1）刚性防水屋面应采用"以刚为主、以柔为辅、刚柔结合"的技术措施。即刚性防水层与山墙、女儿墙和突出屋面结构的交接处，均应进行柔性密封处理；刚性防水层应设置分格缝，分格缝的纵横间距不宜大于 6m，分格缝内应嵌填弹性或弹塑性的密封材料；刚性防水层与基层之间宜设置隔离层。

2）防水层的细石混凝土宜掺膨胀剂、防冻外加剂等，并应采用机械搅拌和机械震捣。细石混凝土防水层的厚度不应小于 40mm，并应配置直径为 $\phi4 \sim \phi6$mm，间距为 100 ~ 200mm 的双向钢筋片。钢筋网片在分格缝处应断开，其保护层厚度不应小于 10mm。

3）细石混凝土防水层的分格缝应设在屋面板的支承端、屋面转角处、防水层与突出屋面结构的交接处。

4）掺膨胀剂的细石混凝土（简称补偿收缩混凝土）防水层的强度等级不应小于 C20，其自由膨胀率应为 0.05% ~ 0.1%。

（2）冬期施工要点

1）刚性防水屋面一般选用补偿收缩混凝土，所用水泥强度等级不应低于 42.5，并应内掺水泥用量 10% ~ 12% 的水泥膨胀剂（如 UEA 水泥膨胀剂等）和 2% ~ 5% 的防冻外加剂（如 NC 复合防冻早强剂、MS-F 复合防冻减水剂等），混凝土的水灰比不应大于 0.55，每立方米混凝土中水泥用量不应小于 330kg，含砂率宜为 35% ~ 40%，灰砂比宜为 1:2 ~ 1:2.5。

2）施工时，防水混凝土的钢筋网片应放在混凝土的中部靠上部位；分格条安放位置应准确，分格缝宜做成上宽下窄，起分格条时，应避免损坏分格缝两侧的混凝土。

3）拌制补偿收缩防水混凝土时，宜在暖棚内进行，其配合比应准确计量，搅拌投料时膨胀剂应与水泥同时投入，防冻剂应溶解在加热至 60℃ 的水中，并用这种热的水溶液拌制混凝土，混凝土的连续搅拌时间不应小于 3min。

4）用保温车将拌制好的混凝土及时运到现场进行浇捣，混凝土运输过程中，应防止漏浆和离析。每个分格板块的混凝土必须一次浇筑完成，不允许留施工缝，振捣及抹压时不得在表面洒水、加水泥浆或撒干水泥。混凝土收水后应进行二次压光。

5）混凝土表面抹平压光后，白天应覆盖黑色塑料布进行养护，晚上再加盖草帘子等进行保温养护，用这种养护制度循环养护时间不应小于 14d，养护初期屋面不得上人。

6）在分格缝内嵌填密封材料。

1.2 屋面防水工程雨期施工

卷材屋面应尽量在雨期前施工，并同时安装屋面的水落管。雨天严禁油毡屋面施工，油毡、保温材料不能淋雨。

雨期屋面防水工程施工宜采用"湿铺法"施工工艺，所谓"湿铺法"就是在"潮湿"的基层上铺贴卷材，先喷刷 1~2 道冷底子油，喷刷工作应在水泥砂浆凝结初期进行操作，以防止基层浸水。

课题 2 防水工程施工安全技术

卷材屋面防水施工，时有施工人员被沥青胶烫伤、坠落等事故，必须重视防水工程施工的安全技术问题。

（1）有皮肤病、眼病、刺激过敏等的人，不宜操作。施工中如发生恶心、头晕、过敏等情况时，应立即停止操作。

（2）沥青操作人员不得赤脚、穿短裤和短袖衣服，裤脚袖口应扎紧，并带手套和护脚。

（3）防止下风向人员中毒或烫伤。

（4）存放卷材和粘结剂的仓库或现场要严禁烟火；如有明火，必须有防火措施，且设置一定数量的灭火器和砂袋。

（5）高处作业人员不得过分集中，必要时系安全带。

（6）屋面周圈应设防护栏杆；屋面上的孔洞应盖严或在孔洞周边设防护栏杆，并设水平安全网。

（7）刮大风时停止作业。

（8）熬油锅灶应在下风向，上方不得有电线，地下 5m 不得有电缆。锅内沥青不得超过容量的 2/3，并防止外溢。熬油人员应随时注意温度变化，沥青脱完水后应慢火升温。锅内白烟变浓的红黄烟，是着火的前兆，应立即停火。配冷底子油时要严格掌握沥青温度，严禁用铁棒搅拌；如发现冒出大量蓝烟应立即停止加入稀释剂。配制、贮存、涂刷冷底子油的地点严禁烟火，并不得在附近电焊、气焊。

（9）运油的铁桶、油壶要咬口接头，严禁锡焊。桶宜加盖，装油量不得超过桶高的 2/3，油桶应平放，不得两人抬运。屋面吊运油桶的操作平台应设置防护栏杆，提升时要拉牵绳以防油桶摆动；油桶下方 10m 半径范围内禁止站人。

（10）坡屋面操作应防滑，油桶下面应加垫来保证油桶放置平稳。

（11）浇油与贴卷材者应保持一定距离，并根据风向错位，以防热沥青飞溅伤人。浇油时檐口下方不得有人行走或停留，以防热沥青流下伤人。

（12）避免在高温烈日下施工。

复习思考题

1. 试述防水工程施工安全注意事项。
2. 屋面防水工程冬期施工的一般要求是什么？
3. 沥青油毡屋面防水层施工包括哪些程序？
4. 找平层为什么要留置分格缝，如何留置？
5. 试述雨期施工安全注意事项。

防水工程实训课题

工程实例

某南方住宅小区，平顶屋面防水设计时，考虑为了减少环境污染，改善劳动条件，施工简便，选择了耐候性（当地温差大）、耐老化，对基层伸缩或开裂适应性强的卷材，决定选用高分子防水卷材——三元乙丙橡胶防水卷材。完工后，发现屋面有积水和渗漏。施工单位为了总结使用新型防水卷材的施工经验，从施工作业准备，施工操作工艺进行全面调查。

1．原因分析

（1）屋面积水　找平层采用材料找坡，排水度小于2%并有少数凹坑。

（2）屋面渗漏

1）基层面、细部构造原因：

基层面有少量鼓泡；

基层含水率大于9%；

基层表面尘土杂物清扫不彻底；

女儿墙、变形缝、通气孔等突起物与屋面相连接的阴角没有抹成弧形，檐口、排水口与屋面连接处出现棱角。

2）施工工艺原因

涂布基层处理剂涂布量随意性太大（应以 $0.15 \sim 0.2\text{kg/m}^2$ 为宜），涂刷底胶后，干燥时间小于4h；

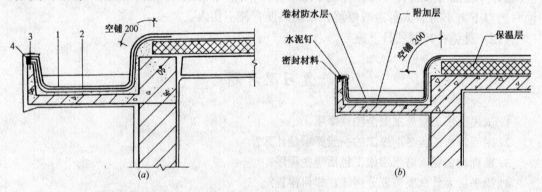

图训-1　天沟防水构造

（a）檐沟防水构造；（b）屋面檐沟

1—防水层；2—卷材附加层；3—密封材料；4—空铺卷材

涂布基层胶粘剂不均匀，涂胶后与卷材铺贴间隔时间不一（一般为 $10 \sim 20\text{min}$），再局部反复多次涂刷，咬起底胶；

卷材接缝，搭接宽度小于100mm，在卷材重迭的接头部位，填充密封材料不实。铺贴完卷材后，没有即时将表面尘土杂物清除，着色涂料涂布卷材没有完全封闭，发生脱皮。

细部构造加强防水处理马虎，忽视了最易造成节点渗漏的部位。

2. 施工方案

（1）工艺流程：

基层表面复检→涂刷胶粘层→节点细部做附加层处理→定位、弹线试铺贴→铺贴卷材→收头处理节点密封→清理、检查、修补→保护层施工。

（2）细部构造施工：

1）天沟的处理。沟底按设计规定的排水坡度抹好找平层，在两侧阴角抹成圆弧，沟上口抹成钝角，裁一条200mm宽的卷材，上口单边粘贴，空铺在沟壁与屋面交接处。起变形缓冲作用。如图训-1。

2）水落口的口杯附加层处理。施工前安装好水落口的口杯，口杯面高要比沟底面低30mm。水落口口杯与沟底接触处的缝隙用砂浆振捣密实，上口留10mm×10mm的缝；用密封材料嵌填密实。裁一条宽度为300mm、长是水落口内径周长加100mm的卷材，卷成圆筒状，圆筒外壁涂100mm高的胶粘剂。插入杯口内粘贴牢固，露出口外的卷材剪开成30mm宽的小条，涂胶后外翻，平实地贴在口外周围的平面上。再裁一块大于600mm²的方型卷材，对准水落口杯的中心剪成"米"字形后，涂胶粘剂沿口内壁下插贴牢。如图训-2。

3）屋面反梁过水孔的附加层处理（图训-3）。过水孔管道两端周围与混凝土接触处留凹槽，用密封膏嵌实填平。卷材附加层贴在水孔处两端，管口处剪开贴向管内。

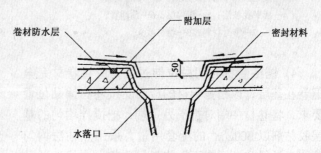

图训-2　水落口防水构造

4）伸出屋面管道防水附加层处理（图训-4）。管道穿过屋面结构层处的缝隙用水泥砂浆填充密实，上口留20mm深凹槽，用密封膏嵌满。施工找平层时，将管道四周抹成圆弧形。裁800mm²方形卷材，中心剪成"米"字形，直径和管外径同，由管道上口往下套，将剪开的米字条贴在立管外壁，将附加卷材贴在基层上，再裁一条500mm宽，长度为管周长加100mm，下面250mm宽剪成30条，将没有剪的250mm包裹在立管的外壁粘贴牢固，再把剪开的小平条贴在基层上，上口绑扎金属丝或用金属箍，并用密封膏抹牢。

5）山墙、女儿墙根部的附加层处理（图训-5）。山墙、女儿墙砌到高出屋面250mm时，收进一层砖，缩进宽度为40mm，凹槽内抹斜角，根部的阴角先空铺一条300mm宽的卷材作缓冲层，再增铺一层附加层。层面防水层铺贴好后，将卷材裁齐，压入槽口内收头，用胶粘剂和强度等级为52.5的水泥调成糊状腻子填嵌密实。

（3）整体卷材防水层施工

1）检查节点细部附加层质量，并做好记录。复查施工基层，达到平整、干燥、干净、无尘土。

2）根据工程设计要求和卷材特点，采用点粘法、冷操作施工。铺贴卷材时，每平米粘结不少于5个点，每点面积为100mm²；搭接缝及屋面周边800mm全粘贴。

3）卷材铺贴平行屋脊，"先低后高，先远后近"逆主导风向进行，以使卷材接缝顺主导风向粘贴牢固。

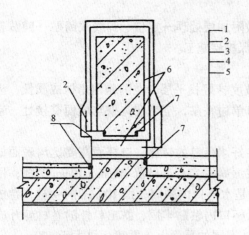

图训-3 反梁过水孔防水构造

1—防水层；2—卷材附加层；3—冷底子油；
4—找平找坡层；5—结构层；6—预埋管；
7—密封材料；8—卷材收头

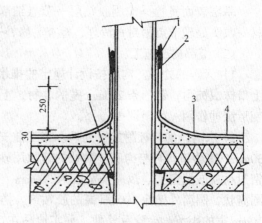

图训-4 伸出屋面管道防水构造

1—密封材料；2—绑扎铁丝；
3—卷材附加层；4—防水层

4）铺贴卷材时切忌拉伸过紧，应将卷材完全退卷在基层，以松弛卷材的应力。按卷材铺贴位置要求，将卷材一端对折于另一端，把搅拌均匀的基层胶粘剂以 $300g/m^2$ 的配套用量，采用点粘法均匀涂刷于卷材和基层表面，将卷材平整、自然地粘贴在基层上（保持胶粘剂厚为 0.8mm）并立即压实；再将卷材的另一端对折于铺好的另一端，以同样的方法粘贴。

每铺贴完一张卷材，立即用干净的长把滚刷，从卷材的一端开始在其横向顺序用力滚压一遍，以便将空气彻底排除，然后，用 30kg 重 30cm 长的外包橡皮的铁辊滚压一遍，立面用手持压辊滚压贴实。

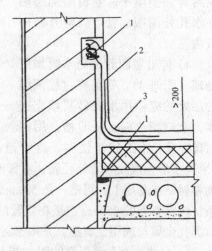

图训-5 砖墙卷材泛水收头及女儿墙根部防水构造

1—密封材料；2—附加层；3—防水层

5）卷材搭接缝宽度，纵向 60mm，横向 80mm，搭接结合面应清洗干净，控制好粘结间隔时间（以胶粘剂基本不粘手为家宜），排净缝内空气，定面粘结，平整铺贴，辊压粘牢，压实。沿卷材搭接缝边缘用特制胶粘剂 42.5 级水泥密封膏密封，其宽度不小于 10mm。

卷材搭接缝宜留在屋面或天沟侧面，不宜留在沟底。铺贴平面与立面相连接的卷材应由下向上进行，使卷材紧贴阴阳角，杜绝空鼓或粘贴不实现象。

实训思考题

请根据所给出的工程实例及质量事故原因，写出合理的施工方案及其施工工艺。

【题目一】

1. 质量事故现象：某单层单跨（跨距 18m）装配车间，屋面结构为 1.5m×6m 预应力大型屋面板。按设计要求：屋面板上设 120mm 厚沥青膨胀珍珠岩保温层，20mm 厚水泥砂浆找平层，二毡三油一砂卷材防水层。保温层、找平层分别于 8 月中旬、下旬完成施工，9 月中旬开始铺贴第一层卷材。第一层卷材铺贴 2d 后，发现 20% 卷材起鼓，找平层也出现不同程度鼓裂。起泡直径大小不一，起泡高度最高达 60mm，起泡直径最大达 4.5m。

2. 原因分析：据当时气象记录记载，白天气温平均为 35℃，屋面表测温度为 48℃（下午 2 时）。通过剥离检查，发现气泡 85% 以上出现在基层与卷材之间，鼓泡潮湿、有小水珠，鼓泡处沥青胶少数表面发亮。

（1）卷材与基层粘结不牢，空隙处存有水分和气体、受到炎热太阳光照射，气体急骤膨胀形成鼓泡。

（2）保温层施工用料没有采取机械搅拌，有沥青团，现浇时遇雨又没有采取防雨措施，保温层材料含水率较高，又是采用封闭式现浇保温层，气体水分受到热源膨胀，造成找平层不同程度的鼓裂。

（3）卷材贴压不实，粘结不牢，使卷材与基材之间出现少量鼓泡。

【题目二】

1. 质量事故现象：某单位新建的办公大楼，砖混结构，六层。屋面采用涂膜防水，屋面为现浇钢筋混凝土板。六楼为会议厅。考虑夏日炎热，分别设置了保温层（隔热层）、找平层、涂膜防水层。竣工交付使用不久，晴天吊顶潮湿，遇雨天更为严重。一年后，外墙面抹灰层脱落，检查发现，屋面略有积水，防水层无渗漏。

2. 原因分析：

（1）屋面积水系找平层不平所致，材料找坡，为减轻屋面荷载，坡度小于 2%。

（2）搅拌保温材料时，拌制不符合配合比要求，加大了用水量；保温层完工后，没有采取防雨措施，又没有及时做找平层。找平层做好后，保温层积水不易挥发，渗漏系保温层内存水受压所致。

（3）保温层内部积水，女儿墙根部，冬季被积水冻胀，产生外根部裂缝，抹灰脱落，遇雨时由外向室内渗漏。

【题目三】

1. 质量事故现象：某影剧院工程，一层地下室作为停车库，采用自防水钢筋混凝土。该结构用作承重和防水。当主体封顶后，地下室积水深度达 300mm，抽水排干，发现渗漏水多处从底板部位和止水带下部流入。后经过补漏处理，仍有渗漏。

2. 原因分析：

（1）根据施工日志记载表明，施工前没有作技术交底。使用的工人对变形缝的作用都不甚了解，更不懂得止水带的作用，操作马虎。止水带的接头没有进行密封粘结。

（2）底板部位和转角处的止水带下面，钢筋过密，振捣不实，形成空隙。

（3）使用泵送混凝土时，施工现场发生多起因泵送混凝土管道堵塞，临时加大用水量，水灰比过大，导致混凝土收缩加剧，出现开裂。

（4）变形缝的填缝用材不当，没有采用高弹性密封膏嵌填。封缝也没有采用抗拉强度、延伸率高的高分子卷材。

（5）在处理渗漏水时，使用的聚合物水泥砂浆抗拉强度低，不能适应结构变形的需要。

【题目四】

1. 质量事故现象： 某城镇兴建一栋住宅楼，地下室为砖混结构。考虑降低成本，防水层采用纸胎防水卷材。交付使用半年后，多处发现渗漏。

2. 原因分析： 地下建筑工程防水层按规范要求，严禁使用纸胎防水卷材。胎基吸油率小，难以被沥青浸透。长期被水浸泡，容易膨胀、腐烂。失去防水作用，加之强度低，延伸率小，地下结构不均匀沉降，温差变形容易被撕裂。

参 考 文 献

1 《建筑施工手册》（第四版）编写组编.建筑施工手册 3/4 版.北京：中国建筑工业出版社，2003
2 中华人民共和国建设部编写.建筑工程施工质量验收统一标准（GB 50300—2001）.北京：中国建筑工业出版社，2001
3 中华人民共和国建设部编写.屋面工程质量验收规范（GB 50207—2002）.北京：中国建筑工业出版社，2002
4 中华人民共和国建设部编写.地下防水工程质量验收规范（GB 50208—2002）.北京：中国建筑工业出版社，2002
5 建筑地面工程施工质量验收规范（GB 50209—2002）中华人民共和国建设部编写.北京：中国建筑工业出版社，2002
6 王秀花主编.建筑材料.北京：机械工业出版社，2003
7 祖青山编.建筑施工技术.北京：中国环境科学出版社，1997
8 卢循主编.建筑施工技术.上海：同济大学出版社，1999
9 高琼英主编.建筑材料（第 2 版）.武汉：武汉理工大学出版社，2002
10 姚谨英主编（第 2 版）.建筑施工技术.北京：中国建筑工业出版社，2003
11 魏鸿汉主编.建筑材料.北京：中国建筑工业出版社，2003
12 冯为民主编.建筑施工实习指南.武汉：武汉工业大学出版社，2000
13 本教材编审委员会组织编写.建筑识图与构造.北京：中国建筑工业出版社，2004
14 屋面工程技术规范（GB 50345—2004）中华人民共和国国家标准.北京：中国建筑工业出版社，2004